Frauke Ion
Sophia Schneider

Rettet das Betriebsklima!

Frauke Ion
Sophia Schneider

Rettet das Betriebsklima!

Stimmungs-Change
im Unternehmen:
So geht's in der Praxis

Externe Links wurden bis zum Zeitpunkt der Drucklegung des Buches geprüft. Auf etwaige Änderungen zu einem späteren Zeitpunkt hat der Verlag keinen Einfluss. Eine Haftung des Verlages ist daher ausgeschlossen.

Bibliografische Information der Deutschen Nationalbibliothek

Die Deutsche Nationalbibliothek verzeichnet diese Publikation in der Deutschen Nationalbibliografie; detaillierte bibliografische Daten sind im Internet über http://dnb.d-nb.de abrufbar.

ISBN 978-3-96739-073-5

Lektorat: Anja Hilgarth, Herzogenaurach
Umschlaggestaltung: Tina Mayer-Lockhoff, Berlin
Titelillustration: Fiedels/AdobeStock
Abbildungen und Illustrationen: Timo Wuerz
Autorenfotos: Jennifer Kiowsky
Satz und Layout: Lohse Design, Heppenheim | www.lohse-design.de
Druck und Bindung: Salzland Druck, Staßfurt

© 2021 GABAL Verlag GmbH, Offenbach
Alle Rechte vorbehalten. Vervielfältigung, auch auszugsweise, nur mit schriftlicher Genehmigung des Verlages.

Wir drucken in Deutschland.

www.gabal-verlag.de
www.gabal-magazin.de
www.facebook.com/Gabalbuecher
www.twitter.com/gabalbuecher
www.instagram.com/gabalbuecher

PEFC zertifiziert
Dieses Produkt stammt aus nachhaltig bewirtschafteten Wäldern und kontrollierten Quellen.
www.pefc.de

Inhalt

Vorwort 7

**Einleitung –
Was Sie von diesem Buch erwarten dürfen** 9

Der Klimawandel im Unternehmen braucht viele Aktivist*innen 9
Generationenvielfalt nutzen – voneinander lernen 10

**1. Let's get started –
Was ist eigentlich Betriebsklima
und wo kommt es her?** 13

Betriebsklima ist mehr als nur Nicht-Schimpfen 15
Diagnostikbasierte Persönlichkeitsentwicklung –
eine wichtige Stütze für Ihr Betriebsklima 19
Die unendliche Geschichte des Betriebsklimas 24
Alles nur noch VUCA oder: Wie unser Leben immer
unüberschaubarer wird 28
Was den Betrieb zufrieden macht 30
Die Konsequenzen schlechter Stimmung 32

**2. Na, wie ist die (Wetter-)Lage?
Indikatoren zum Betriebsklima** 34

Der Krankenstand 36
Die Fluktuation 37
Die Zufriedenheit der Mitarbeitenden 38
Feedback aus Exit-Interviews 39
Die »weichen-Faktoren« 41

3. Die Klimazonen und ihre Elemente 42

Die unternehmerische Klimazone 46
Die räumliche Klimazone 68
Die soziale Klimazone 79
Die atmosphärische Klimazone 127

4. Die Klima-Klammer 156

Die 80/20-Regel – die neuen 100 Prozent 161

5. Exkurs – Generationen 164

6. Exkurs – So wird die Arbeit im Homeoffice nicht zur Klima-Katastrophe 171

7. Das Klima-Barometer 178

8. Darf's noch ein bisschen mehr sein? 191

Das Exit-Interview 191
In fünf Schritten zum Unternehmensleitbild 196

Danke 200

Literatur- und Quellenverzeichnis 201

Literaturverzeichnis 201
Quellennachweise 204

Über die Autorinnen 205

Vorwort

Ich komme morgens ins Büro oder ins Online-Meeting und sehe überall nur Gesichter wie sieben Tage Regenwetter – und ich weiß einfach nicht, woran das liegt. Es läuft doch eigentlich ganz gut bei uns. Wir schreiben schwarze Zahlen und die Mitarbeitenden bekommen pünktlich ein großzügiges Gehalt.« Diese Aussage stammt von einem unserer Kunden – ein Abteilungsleiter in einem großen Konzern. So wie ihm geht es vielen Führungskräften. Die Stimmung im Unternehmen ist aus unerfindlichen Gründen angeschlagen. Kalender und Auftragsbücher sind zwar häufig voll, doch die Projekte stocken. Warum ist das so? Was bestimmt die Stimmung im Unternehmen? Das wollten wir herausfinden. Also sind wir auf Spurensuche gegangen, haben Interviews mit Führungskräften, Kollegen, Unternehmern und Mitarbeitenden geführt. Wir haben Erkenntnisse gesammelt, Vermutungen angestellt, Thesen entwickelt und wieder über Bord geworfen. Am Ende dieses Prozesses stand die folgende Überschrift in fetten Großbuchstaben und doppelt unterstrichen auf dem Flipchart in unserem Konferenzraum:

BETRIEBSKLIMA

Und darunter:
- Unternehmerische Klimazone
- Räumliche Klimazone
- Soziale Klimazone
- Atmosphärische Klimazone

In diesem Moment war nicht nur ein Organisationsentwicklungs-Konzept für den oben genannten Kunden, sondern auch die Idee für dieses Buch geboren. Ein bislang so schwer zu greifendes Thema hatte nun einen Namen, eine Überschrift und Unterkapitel. Plötzlich wurde das Thema fassbar. Wir geben zu: Das Wort »Betriebsklima« klingt angestaubt, old-fashioned und wenig sexy. Doch es bringt die Stimmungslage in Unternehmen ziemlich gut auf den Punkt. Wie das

Klima wird auch die Stimmung im Betrieb von vielen Faktoren bestimmt. ABER – und das ist die gute Nachricht an dieser Stelle – das Klima im Betrieb lässt sich positiv beeinflussen. Dieses Buch liefert eine Praxisanleitung dafür.

Gemeinsam mit Ihnen betrachten wir die vier Klimazonen und geben konkrete Impulse, wie Sie die »Klima-Bilanz« Ihres Unternehmens gezielt optimieren können. Stimmungsindikatoren wie Krankenstand, Fluktuation oder die Zufriedenheit Ihrer Mitarbeitenden liefern Ihnen die nötigen Ansatzpunkte, um den Zustand Ihres Betriebsklimas einschätzen zu können. Und wenn Ihnen das noch nicht reicht, finden Sie mit unserem Klima-Barometer heraus, in welchen Klimazonen Sie heiter bis sonniges Wetter genießen dürfen, wo der Betriebshimmel bewölkt ist oder sogar ein starkes Unwetter droht. Außerdem wollen wir Sie gleich ins Doing bringen und liefern Ihnen einiges an »Gedankenfutter« und Hilfestellung für einen erfolgreichen Stimmungs-Change. Dabei profitieren Sie von zwei Sichtweisen und Perspektiven, denn wir Autorinnen sind Vertreterinnen zweier Generationen: Babyboomer und Gen Y. Darüber hinaus bringen wir unterschiedliche Berufserfahrungen mit und arbeiten zurzeit im selben Unternehmen auf unterschiedlichen Verantwortungsebenen. (Andere würden vielleicht Hierarchieebenen dazu sagen. Warum wir das nicht tun, erfahren Sie später im Buch.)

In den vergangenen Jahren haben wir teils gemeinsam, teils unabhängig voneinander unterschiedliche Einblicke in Konzerne, Kleinst- und mittelständische Unternehmen bekommen. Wir durften dadurch viele Herangehensweisen und Strategien kennenlernen und auch auf einige Einfluss nehmen. Heute ist das Thema Betriebsklima unser Herzensthema. Denn es ist der Nährboden für Erfolg im Unternehmen.

Wir freuen uns, wenn das Betriebsklima auch zu Ihrem Herzensthema wird und die Sonne verlässlich über Ihrem Unternehmen scheint. Mit diesem Buch haben Sie schon einmal den ersten Schritt Richtung Stimmungs-Change gemacht.

Viel Freude und wertvolle Erkenntnisse!
Frauke Ion & Sophia Schneider

Einleitung – Was Sie von diesem Buch erwarten dürfen

Fragt man Menschen, was ihnen im Arbeitsleben besonders wichtig ist, so hört man oft »ein gutes Betriebsklima«, »eine gute Atmosphäre«, »ein fähiger Chef« oder »nette Kolleginnen und Kollegen«. Doch im natürlichen Lebensraum eines Arbeitnehmenden scheint sich dieser Wunsch allzu häufig nicht zu erfüllen. Die Stimmung ist schlecht, es wird Dienst nach Vorschrift gemacht und der eigene Horizont endet am Tellerrand. Dabei ist das Bedürfnis nach Harmonie, guten Beziehungen und Anerkennung so alt wie die Menschheit selbst. Bereits in der Steinzeit hat nur überlebt, wer sich zu Gruppen zusammenfand, wer ein Team bildete. Doch in der Unternehmensrealität wird Darwins Beobachtung *»survival of the fittest«* meist falsch interpretiert. So scheint das Narrativ vorzuherrschen, dass nur die Stärksten überleben oder weiterkommen. Aber die Einzelgänger*innen sind nicht diejenigen, die sich am besten an die sich ständig wandelnde Umwelt anpassen können.

Der Klimawandel im Unternehmen braucht viele Aktivist*innen

Stellen Sie sich einmal vor, Ihre Kolleginnen und Kollegen oder Ihre Mitarbeitenden würden morgen aufhören, Absprachen einzuhalten, Aufgaben sorgfältig zu erledigen und Sie mit wichtigen Informationen aus dem letzten Meeting oder dem »hassgeliebten« Flurfunk zu versorgen. Am Ende litte Ihrer aller Arbeitsqualität – ganz zu schweigen von der Beziehung. Doch durch Ellenbogenmentalität, das Fehlen von

Vertrauen, zu wenig echte Wertschätzung, Silo-Denken oder aus einer Arbeitsüberlastung heraus wird die Luft in Organisationen häufig schleichend und unbemerkt dicker. Dass dort, wo Arbeitnehmende einen Großteil ihrer »Wachzeit« verbringen, dann kaum noch Luft zum Atmen bleibt, wundert nicht. Herrscht Frust im Miteinander, kann das zu erheblichen Produktivitätseinbußen aufgrund von Demotivation, Konflikten, innerer Kündigung oder hoher Fluktuation führen. Ganz zu schweigen von dem Einfluss auf das eigene Empfinden, das im schlechtesten aller Fälle zulasten der individuellen Gesundheit geht. Eine Verbesserung des Betriebsklimas lässt sich aber nicht einfach verordnen, vereinbaren oder gar ärztlich verschreiben. Es ist harte Arbeit, und nur der stete Tropfen höhlt hier sprichwörtlich den Stein. Denn durch den reinen Austausch von Leistung und Lohn funktioniert ein modernes Unternehmen nicht mehr. Niemand ist erfolgreich ohne die Unterstützung der Kolleginnen und Kollegen. Es bedarf des alltäglichen Informationsaustauschs und der gegenseitigen Hilfestellung. Geben und Nehmen müssen im Gleichgewicht stehen. Sie als Führungskraft haben dabei die Chance, die Initiative zu ergreifen und bei schlechter Stimmung einen Change anzustoßen. Sie können das Fundament für Zufriedenheit, Austausch, produktives und zielgerichtetes Zusammenarbeiten legen sowie regelmäßig »Klima-Dünger« verteilen.

Generationenvielfalt nutzen – voneinander lernen

Dieses Buch wagt einen Rück- und Ausblick durch die Brille zweier Generationen. Wir sind zwei Autorinnen, bringen zwei Blickwinkel ein, zwei Meinungen und zwei Erfahrungsschätze, aus denen wir und Sie schöpfen können. Das bin zum einen ich, Frauke Ion. Meine Generation der »Babyboomer« stellt heute gemeinsam mit der Generation X in den meisten Unternehmen den Führungsstab. Sie verfügen über ein enormes, über Jahrzehnte hinweg gesammeltes Wissen und Können. Wissen und Können, das auf keinen Fall verloren gehen darf. Und zum anderen bin da ich, Sophia Schneider, Stellvertreterin der Generation Y, der Führungskräfte von morgen. Wir bringen frischen Wind und neue Perspektiven in die tägliche Zusammenarbeit, verstehen uns als Digital Natives, die mit den digitalen Möglichkeiten unserer heutigen Zeit aufgewachsen sind. Die Menschen der Generation Y, aber auch der nachfolgenden Generation Z möchten beruflich gefördert und gefordert werden, Sinn und Erfüllung in ihrer Arbeit finden. Sie halten die Konzepte rund um New Work für erstrebenswerte Veränderungen des eingestaubten Arbeitsbegriffs ihrer Vorgängergeneration.

In vielen Unternehmen führen diese teils sehr unterschiedlichen Sichtweisen, Wertvorstellungen und Arbeitsweisen zu Generationskonflikten. Einige scheitern sogar in der Zusammenarbeit. Dass das Miteinander der Generationen dennoch sehr gut funktionieren kann, erfahren wir Autorinnen, die auch im Tagesgeschäft wunderbar zusammenarbeiten, jeden Tag aufs Neue. Wir haben es geschafft, durch das Verstehenwollen der Persönlichkeit des anderen, das Einlassen auf die unterschiedlichen Ideen, ein nicht nur angenehmes, sondern auch fruchtbares Klima herzustellen, in dem sich jede Generation entfalten und entwickeln kann.

Unsere Erfahrungen in der Begleitung von Unternehmen und Teams auf dem Weg zu einem betrieblichen Klimawandel sowie die Erlebnisse unserer gemeinsamen tagtäglichen Zusammenarbeit haben gezeigt, dass Unternehmen im Sinne einer Win-win-Situation davon ausgehen können, dass sowohl die Organisation als auch die Mitarbeitenden ein Interesse an einem harmonischen Miteinander haben – sowohl im horizontalen Beziehungsgeflecht innerhalb der Belegschaft als auch im vertikalen, sprich im hierarchieübergreifenden. Doch was können Unternehmen, was können Sie tun, wenn trotz aller Bemühungen Eiszeit herrscht und ein Klimawandel nötig ist?

Dieses Buch liefert eine praxisnahe Anleitung und jede Menge »Gedankenfutter«, mit dem Sie einen Stimmungs-Change einleiten können. Es beschreibt vier Klimazonen in Unternehmen und die ihnen eigenen Elemente, die die innerbetriebliche Stimmung beeinflussen können. Es liefert einen anekdotischen Überblick über die Entwicklung der Arbeitswelt – vom antiken Griechenland bis zum heutigen Zeitalter der Digitalisierung. Es stellt sich den Fragen, wer eigentlich für das Betriebsklima verantwortlich ist und anhand welcher Indikatoren es bestimmt werden kann. Wer hat wie viel Einfluss und was passiert mit Unternehmen im 21. Jahrhundert, wenn das Betriebsklima nicht die erforderliche Aufmerksamkeit bekommt? Außerdem möchten wir gemeinsam mit Ihnen einen Blick auf die Auswirkungen eines schlechten Betriebsklimas werfen und auch darauf, wie Sie als Führungskraft gemeinsam mit Ihren Mitarbeitenden positiv darauf einwirken können.

Wenn Sie bereits jetzt die Lust verspüren, etwas in Ihrem Umfeld zu verändern, dann dürfen Sie sich freuen und direkt zum Ende des Buches blättern. Speziell für Unternehmen haben wir ein »Klima-Barometer« entwickelt, mit dem Sie ein individuelles Stimmungsbild erstellen und erste Maßnahmen für einen Klimawandel ableiten können. Dazu finden Sie in den verschiedenen Klimazonen, der Klima-Klammer sowie unseren Exkursen viele Anregungen und Erfahrungsberichte aus unserer Arbeit als Personal- und Organisationsentwicklerinnen. Da die Einflüsse und Auswirkungen von einzelnen Maßnahmen zur Verbesserung des Betriebsklimas so individuell wie Unternehmen selbst sind, erheben wir in diesem Buch keinen Anspruch auf Vollständigkeit. Vielmehr geht es uns darum, Gedankenräume zu öffnen und Sie zu motivieren, den ersten Schritt zum Stimmungs-Change zu gehen. In unseren Generationendialogen zu Beginn eines Kapitels (die hin und wieder auch den Charakter von Gesprächen zwischen Führungskraft und Mitarbeiterin haben) möchten wir Ihnen zusätzlich einen Blick »hinter die Kulissen« ermöglichen. Darin beschreiben wir unsere individuellen Sichtweisen der generationenübergreifenden Zusammenarbeit und wollen die Transparenz vorleben, die wir im Buch immer wieder als einen Erfolgsfaktor für positives Betriebsklima »predigen«.

1.
Let's get started – Was ist eigentlich Betriebsklima und wo kommt es her?

Generationendialog

Sophia: Während der Arbeit an diesem Buch haben wir uns immer wieder über unser individuelles Verständnis von Betriebsklima unterhalten. Interessant dabei war, dass wir die Indikatoren, die ein gutes Betriebsklima ausmachen, trotz unseres Altersunterschieds, der unterschiedlichen Lebenserfahrung und Sozialisierung sehr ähnlich sehen.

Frauke: Genau. Hier waren wir uns grundsätzlich einig. Uns beiden ist es zum Beispiel wichtig, dass wir selbstbestimmt arbeiten und agieren können. Dass ein harmonisches und kooperatives Miteinander herrscht und jeder mit seiner Expertise und Erfahrung bestmöglich eingebunden ist. Dann ist das Betriebsklima stabil. Es gibt aber auch Themen, die wir unterschiedlich sehen. Hierarchieebenen, Rollen und Verantwortlichkeiten oder auch orts- und zeitungebundenes Arbeiten zum Beispiel. Für mich geben Hierarchien und klare Rollen im Betrieb eine Orientierungshilfe, insbesondere dann, wenn es um Verantwortung und das Treffen von Entscheidungen geht. Aus meiner Sicht kann es nur positiv für das Betriebsklima sein, wenn jeder weiß, was er zu tun hat und an wen er »reporten« muss. Bis vor der Corona-Pandemie war es mir außerdem wichtig, dass unsere (Vollzeit-)Mitarbeitenden von 9 bis 18 Uhr im Büro sind. Heute weiß ich es besser. Zum einen entspricht meine Vorstellung nicht dem Zeitgeist. Zum anderen bieten uns neue Technologien die Möglichkeit, auch außerhalb des Büros für Kund*innen und Kolleg*innen erreichbar zu sein.

Sophia: Für mich sind klassische Hierarchien eher unnatürlich. Ich kann damit umgehen, finde sie aber an vielen Stellen unnötig. Insbesondere dann, wenn sie mit einer »Anders-Behandlung« einhergehen oder mich in meiner Art zu arbeiten einschränken. Auch von morgens bis abends an meinen Schreibtisch gefesselt zu sein, schlägt mir aufs Gemüt. Viel lieber weiß ich, was ich zu erledigen habe. Wann ich es erledige, möchte ich mir mehr oder weniger frei einteilen können. Und solange feste Termine und Absprachen eingehalten werden, hat diese Freiheit aus meiner Sicht eine positive Auswirkung auf das Betriebsklima. In puncto Rollen und Verantwortlichkeiten finde ich es wichtig, dass es neben Regularien auch Spielraum für »Sonderwege« gibt. Warum soll ich nicht auch einmal die Tätigkeiten meiner Kolleg*innen übernehmen und diese meine? So entsteht weniger Silo-Denken und mehr Kreativität.

Frauke: Letztlich ist eine der wichtigsten Erkenntnisse meiner bisherigen Karriere, dass es bei allen »betriebsklimatischen« Themen wichtig ist, in den Dialog zu gehen, Erwartungen auszusprechen, sich auf einen Konsens zu verständigen und unterschiedliche Meinungen anzuerkennen. Denn unausgesprochene Erwartungen führen schleichend zu einem schlechten oder sogar vergifteten Betriebsklima.

Was verstehen wir eigentlich genau unter dem Begriff Betriebsklima? Wie grenzt er sich von der Unternehmenskultur ab und was dürfen wir bei einem Klimawandel auf keinen Fall vergessen? Dieses Kapitel widmet sich der Definition und der perspektivischen Bedeutung dieses vielfältigen Begriffes. Außerdem werfen wir einen Blick zurück in die Vergangenheit und die Geschichte der Arbeit. Damit rufen wir uns in Erinnerung, wie weit wir uns – klimatisch betrachtet – bereits entwickelt haben und mit welchem Mindset wir in die nächsten Kapitel starten wollen. Davon ausgehend, dass motivierte Mitarbeitende zufriedener sind und sich dies auf das innerbetriebliche Klima auswirkt, betrachten wir in diesem Kapitel ebenfalls, was für Grundvoraussetzungen dafür geschaffen werden müssen.

Betriebsklima ist mehr als nur Nicht-Schimpfen

Wir alle lieben diese Tage, an denen das Wetter einfach mitspielt. Es ist nicht zu warm, nicht zu kalt, es regnet nicht. Der Wind scheint perfekt dosiert zu sein, die Sonne strahlt uns ins Gesicht und wir strahlen zurück. Wir können tun, was immer wir uns vorgenommen haben. Ach, das Leben könnte so schön sein, wenn doch nur alle Tage so wären, nie ein Sturm aufzöge, uns der Nebel auf der Autobahn nicht die Sicht nähme oder wir nicht von einem vorbeifahrenden Auto, dank der übergroßen Pfütze, ein zweites Mal am Tag geduscht werden würden. Aber so sehr wir uns das Wetter auch manchmal anders wünschen, es bringt alles nichts: Es entzieht sich unserem Einfluss. So ähnlich und doch ganz anders verhält es sich mit dem Betriebsklima. Darunter ist in dem hier beschriebenen Sinne natürlich nicht die messbare Temperatur, Luftfeuchtigkeit oder gar die Windstärke innerhalb einer Organisation gemeint. Dennoch hat es einiges mit den genannten Beispielen gemein, denn es umgibt Mitarbeitende ebenfalls wie die Atmosphäre unsere Erde. Sie alle können das vorherrschende Betriebsklima wahrnehmen und spüren, doch keiner kann es wirklich greifen und anfassen, und kaum jemand glaubt daran, es verändern zu können. Wie genau ist also das Phänomen »Betriebsklima« konkret zu verstehen? Wie kann es dennoch in einem ersten Schritt beschrieben und in einem zweiten Schritt eben doch aktiv beeinflusst werden, sodass das Klima einer Organisation einerseits als angenehm und motivierend empfunden wird und so andererseits wirklich gute Leistung ermöglicht?

Wir verstehen unter Betriebsklima die Summe der individuellen Wahrnehmungen und persönlichen Bewertungen der unternehmerischen, räumlichen, sozialen und atmosphärischen Faktoren einer Organisation:

- Die *unternehmerische Klimazone* umfasst dabei Dinge wie Arbeitszeiten, Gehälter, das Unternehmensleitbild, Weiterbildungsmöglichkeiten u. v. m.
- Die *räumliche Klimazone* betrachtet den Arbeitsplatz und dessen Ausstattung, den Arbeitsort, die Bürosituation, die Gestaltung des Firmengebäudes, Gemeinschafts-, aber auch digitale Räume.
- Unter der *sozialen Klimazone* verorten wir Themen wie die verschiedenen Rollen innerhalb eines Unternehmens, Zusatzleistungen für Mitarbeitende, das Gesundheitsmanagement, Teamevents etc.

- In der *atmosphärischen Klimazone* wirken Dinge wie entgegengebrachtes Vertrauen, Kollegialität, die Fehlerkultur, der Flurfunk, der Umgang mit Konflikten und Veränderung und noch einiges mehr.

Zugegeben: Die Einteilung in die vier Klimazonen ist uns an manchen Stellen sehr schwergefallen, weil sie untereinander viele Überschneidungen haben und in ständiger Reziprozität stehen. Unterm Strich halten wir es vor allem für sinnvoll, Ihnen ein Modell – eine Art Klima-Karte – an die Hand zu geben, mit dessen Hilfe Sie Maßnahmen für den Stimmungs-Change in Ihrem Unternehmen oder Team ableiten können. Vergessen Sie dabei nicht, dass das Betriebsklima in einer konstanten Wechselbeziehung zur Unternehmenskultur steht – also der Grundgesamtheit aller Werte, Normen und Einstellungen der Organisationsmitglieder. Sie prägen maßgeblich die Bewertungen, Entscheidungen und das Verhalten der Belegschaft und damit auch die konkrete Ausgestaltung der Organisation.

Lassen Sie es uns an einem Beispiel verdeutlichen:

Fest im offiziellen Leitbild einer Organisation verankert sind die Werte »Innovation« und »Teamgeist«. Entsprechend gibt es ein »Creative Lab« mit Sitzsäcken und Schaukeln, beschreibbaren Wänden und einer riesigen Kiste Lego® z. B. für Prototyping-Sessions zur Produktentwicklung, das von interdisziplinären Teams genutzt werden soll. Die Entscheidung für einen solchen Raum, die Höhe des dafür bereitgestellten Budgets, formelle oder informelle Regelungen für die Nutzung des Raums von einem Belegungsplan bis hin zu »first come, first serve« – all das liegt in der Unternehmenskultur begründet. Wie der Raum jedoch subjektiv von den Mitarbeitenden wahrgenommen und erlebt wird, zeigt sich im Betriebsklima. Wird er als motivierender Faktor wahrgenommen, wirkt er sich positiv auf das Betriebsklima aus. Fühlen sich die Mitarbeitenden hingegen negativ unter Druck gesetzt, ihn auch wirklich zu benutzen (»Schluss mit dem Zusammensitzen in der Kaffeeküche – der Raum war teuer, also nutzt ihn auch!«) oder ihn zu meiden (»Habt ihr nichts Besseres zu tun, als hier in der Spielecke zu hocken?«), gibt es negative Effekte auf das Betriebsklima.

Je höher die Passung der Werte, Normen und Einstellungen der einzelnen Organisationsmitglieder zur konkreten Ausgestaltung von Führung, Meetings, Räumlichkeiten, Arbeitszeitmodellen, Entlohnungssystemen etc. ist, desto besser ist das aktuelle Betriebsklima. Entsprechend nennt eine Studie der Hans-Böckler-Stiftung aus dem Jahr 2018 als Haupteinflussfaktoren für ein gutes Betriebsklima auch das wahrgenommene kollegiale Miteinander, gegenseitiges Geben und Nehmen, Regeln, Routinen, Gewohnheiten sowie Gerechtigkeit.[1] Bedenken Sie hierbei bitte, dass solche Studien immer vor dem Hintergrund der aktuell als wichtig und richtig erlebten Werte einer Gesellschaft betrachtet werden müssen. So könnte beispielsweise eine demokratische Abstimmung zur Entscheidungsfindung in Meetings in einem anderen Land mit anderen Normen auch zu erheblicher Irritation der Teilnehmenden und damit negativem Einfluss auf das Betriebsklima führen. Nicht ohne Grund entscheiden »softe« Faktoren wie diese sehr oft zum Beispiel über den Erfolg oder Misserfolg bei der Fusion zweier Unternehmen mit sehr unterschiedlichen kulturellen Kontexten.

Es reicht also nicht, flexible Homeoffice-Regelungen oder eine gute interne Kommunikationsstrategie per se zu haben. Entscheidend ist einerseits, dass Ihre Mitarbeitenden all die Maßnahmen, die Sie möglicherweise zur positiven Einwirkung auf das Betriebsklima angestoßen haben, kennen und sie andererseits tatsächlich als positiv, gerecht und wertschätzend wahrnehmen. Damit sind wir bei dem entscheidenden Punkt, in dem sich das Betriebsklima vom allgemeinen Wetter unterscheidet: Während wir keinen Einfluss auf Regen, Sonnenschein und Windstärke haben, ist ein Betriebsklima nicht von göttlicher Natur, von »oben« indoktriniert und unveränderbar! Ganz im Gegenteil: Mit den passenden Maßnahmen lässt sich ein innerbetriebliches Unwetter zu »eitel Sonnenschein« wandeln. Dafür braucht es jedoch eine hohe Stimmigkeit zwischen den getroffenen Maßnahmen einerseits und den Präferenzen, Werten und Motiven der Mitarbeitenden andererseits. Sie sehen also: Die Basis für ein gutes Betriebsklima ist mehr als nur »Nicht-Schimpfen«.

Diagnostikbasierte Persönlichkeitsentwicklung – eine wichtige Stütze für Ihr Betriebsklima

Als Mitinhaberin und Mitarbeiterin des *Instituts für Persönlichkeit* sind wir Expertinnen für diagnostikbasierte Persönlichkeits-, Personal-, und Organisationsentwicklung. Seit vielen Jahren unterstützen wir Einzelpersonen, Teams und Organisationen dabei, ihre individuellen Präferenzen, Werte und Motive durch verschiedene Analyseinstrumente zu erfassen, zu abstrahieren und persönlichkeitsorientierte Maßnahmen für mehr Leistung und Zufriedenheit zu entwickeln. Unserer Erfahrung nach hilft der Einsatz solcher Tools, verdeckte und dennoch wirkungsvolle Mechanismen der Interaktion, aber auch mögliche Fallstricke für das Betriebsklima aufzudecken.

Diagnostik-Instrumente bieten aus unserer Sicht mehrere große Vorteile:

Persönliche Relevanz
Der Mensch beschäftigt sich mit seinem persönlichen Profil. Er fühlt sich individuell abgeholt, da die Analyse allein auf seiner Einschätzung beruht. Er oder sie bekommt Antworten auf Fragen wie »Was macht mich aus?« und »Wie ticke ich?«. Diese Erkenntnisse machen es möglich, sich gezielt weiterzuentwickeln. Ebenso bekommen Führungskräfte ein konkretes Bild ihrer Mitarbeitenden, um sie individuell führen und fördern zu können.

Hohe Objektivität
Die Ergebnisse basieren allein auf den individuellen und persönlichen Daten des Menschen, um den es tatsächlich geht. So werden Konflikte und Missverständnisse verhindert, die häufig entstehen, wenn Menschen einander ein Feedback geben. An die Stelle einer subjektiven Einschätzung tritt eine objektive Analyse.

Wissenschaftliche Fundierung
Seriöse Analysen gewährleisten eine hohe Validität und Reliabilität und bieten damit ein solides, wissenschaftliches Fundament, um Entwicklungsmaßnahmen maßgeschneidert im Unternehmen durchführen zu können.

Hohe Verständlichkeit
Persönlichkeitsanalysen fördern eine gemeinsame Sprache. Sie bringen komplexe Persönlichkeitseigenschaften und -facetten in ein allgemeinverständliches Vokabular und bieten so einen persönlichen Rahmen, um über die unterschiedlichen Persönlichkeitsfacetten ins Gespräch zu kommen.

Die Zwiebel der Persönlichkeit

Menschen sind facettenreich. Ein Fakt, der für Unternehmen im Hinblick auf ihr Betriebsklima Chance und Herausforderung zugleich ist. Denn so facettenreich, wie Mitarbeitende sind, so individuell wollen sie gefordert, gefördert und geführt werden. Wenn Unternehmen ihr Betriebsklima also nachhaltig verbessern wollen, dann sollten sie die Persönlichkeiten ihrer Mitarbeitenden in ihrer Unterschiedlichkeit sollten das Herz, die Emotionen der Mitarbeitenden ansprechen und alle Hierarchieebenen einbeziehen, die für einen erfolgreichen Wandel vonnöten sind. Denn Betriebsklima ist keine Einbahnstraße, sondern wird von der Geschäftsführung, den Führungskräften und Mitarbeitenden gleichermaßen beeinflusst. Auch kann es sich von Team zu Team und von Abteilung zu Abteilung unterscheiden. Es kommt auf jeden Einzelnen und jede Einzelne, dessen/deren Verhalten, Einstellung und Engagement an. Es ist also von größter Bedeutung, den Menschen, seine Beziehungen und Bedürfnisse in den Mittelpunkt zu stellen, wenn Sie eine Veränderung anstreben. Natürlich werden Sie es dabei nicht immer allen Parteien zu 100 Prozent recht machen können. Dafür ist die Pluralität an Bedürfnissen zu groß und die Ressourcen, sei es Zeit, Geld oder Manpower, sind oft zu gering. Aber wir sind davon überzeugt, dass Sie, sobald Sie die richtigen Stellschrauben identifiziert haben, bereits mit überschaubarem Aufwand einen Unterschied machen können.

Lassen Sie uns zunächst einen kurzen Blick in die Vergangenheit werfen, um zu verstehen, woher wir – »klimatisch« gesehen – kommen.

Die unendliche Geschichte des Betriebsklimas

Wer hätte im 19. Jahrhundert, dem Zeitalter der Industrialisierung, als das Proletariat und die Bourgeoisie Hochkonjunktur feierten und das Patriarchat Firmen regierte, gedacht, dass zwei Frauen ein Buch darüber schreiben würden, wie Menschen sich bei der Arbeit im Miteinander wohlfühlen können und dass Partizipation der Arbeitnehmenden am Unternehmenserfolg auf Augenhöhe erfolgen kann? Vermutlich niemand. Aber das ist, zumindest aus der Sicht der Mehrheitsbevölkerung des 21. Jahrhunderts, ein großer Erfolg und vielleicht der beste Beweis dafür, dass Veränderungen und Weiterentwicklungen durchaus positive Effekte haben. Oder, wie es sprichwörtlich heißt: »Wer nicht mit der Zeit geht, geht mit der Zeit.« Doch wie haben sich unsere Arbeitswelt und die damit einhergehenden Vereinbarungen und »Türkis« bis zur obersten Lebensstufe »Koralle«. Jedes Level symbolisiert hier ein bestimmtes Wertesystem mit den dafür »typischen« Werten.

SCILprofile® – die Analyse der Wirkungs- und Wahrnehmungskompetenz

Getreu dem Motto »Gleich und Gleich gesellt sich gern« funktioniert Interaktion immer dann besonders gut, wenn Menschen in ähnlichen oder gleichen Frequenzbereichen senden und empfangen, also im übertragenen Sinne die »gleiche Sprache sprechen«. Das SCILprofile® analysiert die trainierbare Wahrnehmungs- und Wirkungskompetenz (Empfänger- und Sender-Qualitäten) eines Menschen. Es unterscheidet dabei die vier Frequenzbereiche Sensus, Corpus, Intellektus und Lingua sowie insgesamt 16 Frequenzen, auf denen Menschen senden und empfangen. Mit dem SCILprofile® haben Unternehmen somit die Möglichkeit, die Wirkungs- und Wahrnehmungskompetenz ihrer Mitarbeitenden zu analysieren und die Interaktion innerhalb der Belegschaft gezielt zu optimieren.

Diagnostische Analyseinstrumente helfen dabei, die menschliche Persönlichkeit ein Stück weit zu entschlüsseln und die einzelnen Puzzleteile zu einem klareren Bild zusammenzufügen. Ob intrinsische Motivation, persönliche Wertesysteme, Verhaltenspräferenzen oder Wirkungs- und Wahrnehmungskompetenzen – für jeden Aspekt der Persönlichkeit gibt es das passende Instrument. In unserer Arbeit greifen wir mit großem Erfolg auf sie zurück und stellen dabei immer wieder fest, dass sie einen entscheidenden Beitrag zu einer verbesserten Zusammenarbeit und damit auch zu einem besseren Betriebsklima leisten.

Wie es weitergeht

Bevor wir in die kleinteilige Betrachtung der Indikatoren für das Betriebsklima und die Klimazonen selbst gehen, können wir bereits festhalten, dass alle Aktivitäten, mit denen Sie die Atmosphäre verbessern möchten, eine Personenorientierung aufweisen müssen. Sie entwickelte Steven Reiss einen wissenschaftlichen Erhebungsbogen: das Reiss Motivation Profile®. Dieser analysiert die persönliche Antriebs- und Motivationsstruktur eines Menschen und bildet sie anhand eines Balkendiagramms ab. So entsteht ein individueller Fingerabdruck des »Kerns der Persönlichkeit«. Die Erkenntnisse daraus tragen unter anderem dazu bei, leistungsfähiger und motivierter zu arbeiten sowie sich und anderen gegenüber toleranter zu werden.

Insights Discovery® – die Verhaltenspräferenz-Analyse

Insights Discovery® basiert auf den Erkenntnissen des Schweizer Arztes und Psychologen C. G. Jung (1875–1961). Seine Typenlehre kategorisiert die individuellen Verhaltenspräferenzen von Menschen in drei Präferenzpaare:

- *Introversion und Extraversion* – die Art, wie wir auf unsere äußere und innere Welt reagieren
- *Denken und Fühlen* – die Art, wie wir Entscheidungen treffen
- *Intuition und Empfinden* – die Art, wie wir Informationen aufnehmen und verarbeiten

Diese immer wiederkehrenden »typischen« Verhaltensweisen lassen sich mit dem Insights-Discovery®-Modell durch vier übergeordnete »Farbtypen« abbilden, wobei jede Farbe für eine bestimmte Kombination der Verhaltenspräferenzen steht.

9 Levels of Value Systems® – die Werte-Analyse

Die 9 Levels of Value Systems® helfen dabei, die Wertesysteme von Organisationen, Teams und Einzelpersonen zu erfassen und auf dieser Basis gezielte Veränderungen anzustoßen. Der Ansatz geht zurück auf Clare W. Graves (1914–1986), Psychologieprofessor am Union College in New York, der die Entwicklungsstufen der menschlichen Existenz erforschte. Die 9 Levels sind eine Vereinfachung seiner Theorie, nach der die Entwicklung stufenförmig verläuft und Schritt für Schritt zwischen Ich- und Wir-Bezug pendelt: von der fundamentalsten Lebensstufe »Beige« über »Purpur«, »Rot«, »Blau«, »Orange«, »Grün«, »Gelb«

verstehen und zu nutzen wissen. Eine leicht verständliche Metapher macht die unterschiedlichen Facetten des Menschen deutlich. Stellen Sie sich die Persönlichkeit wie eine aufgeschnittene Zwiebel vor:

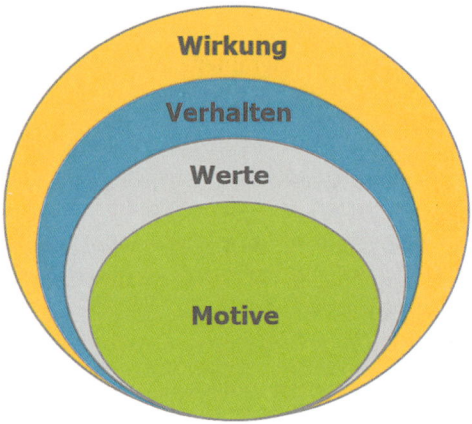

Die äußerste Schicht ist unsere von außen beobachtbare Wirkung. Darunter folgt die Schicht unseres Verhaltens. Noch tiefer in unserer Persönlichkeit verwurzelt sind unsere Werte, Glaubenssätze und Überzeugungen, die uns selbst und die Welt betreffen. Den »Kern« der Persönlichkeit machen schließlich unsere Lebensmotive, unsere innersten Antreiber aus. Diese Schichten lassen sich »messen« und analysieren. An dieser Stelle möchten wir Ihnen nun die Instrumente vorstellen, die wir dafür in unserer täglichen Arbeit nutzen.

Reiss Motivation Profile® – die Motivanalyse

Basis des Reiss Motivation Profile® ist die Motivationstheorie von Steven Reiss (1947–2016), US-amerikanischer Professor für Psychologie und Psychiatrie. In einigen großen internationalen Studien fand er heraus, dass es insgesamt 16 verschiedene Lebensmotive gibt, die einen Menschen antreiben: Macht, Unabhängigkeit, Neugier, Anerkennung, Ordnung, Sparen, Ehre, Idealismus, Beziehungen, Familie, Status, Rache, Essen, Eros, körperliche Aktivität und Ruhe. Um die Ausprägungen der 16 Lebensmotive eines Menschen sichtbar zu machen, zur Gestaltung dieser Zwangsgemeinschaft – immerhin suchen wir uns unsere Kolleginnen und Kollegen oder die Vorgesetzten in der Regel nicht aus – eigentlich verändert? Werfen wir einen Blick zurück.

Wie alles begann

Im antiken Griechenland war das Arbeiten als niedere Tätigkeit noch Frauen, Sklaven und Knechten vorbehalten. Hier lohnt sich ein Blick auf die eigentliche Bedeutung des Begriffs »Arbeit«, und ohne die Pointe vorwegnehmen zu wollen: Es bedeutet nichts Gutes. Denn es heißt übersetzt »sich plagen, quälen, abmühen und leiden«. Erschreckend? Finden wir auch. Doch Gott sei Dank kam mit dem Christentum auch eine Umdeutung des eingestaubten Konzepts »Arbeit« und es galt fortan das Motto: »Wer nicht arbeiten will, soll auch nicht essen.«

Erst im Mittelalter, also Tausende Jahre später, wandelte sich die Bedeutung der Arbeit erneut. Bis dato galt sie als etwas, das erledigt werden muss, als etwas, das uns vom eigentlichen Spaß des Lebens abhält. Mit Martin Luthers Einfluss auf Moral und Lebensstil änderte sich das vorherrschende Bild im Mittelalter und die Arbeit wurde zur Berufung, der Müßiggang zur Sünde. Die Früchte dieses revolutionären Mindset-Change ernten wir noch heute. Denn nur auf dieser Grundlage, der Identifizierung mit unserem Beruf, kann es überhaupt zu etwas wie Betriebsklima in unserem Sinne kommen – natürlich neben der Tatsache, dass es überhaupt einen Betrieb gibt. Dafür wurde im 17. Jahrhundert in Form von Manufakturen, in denen verschiedene Handwerker (wir vermuten, es waren allesamt Männer) gemeinsam an einem Produkt arbeiteten, der Grundstein gelegt.

Mit der Erfindung der Dampfmaschine im 19. Jahrhundert veränderte sich das gemeinsame Arbeiten noch einmal elementar und die industrielle Revolution war nicht mehr aufzuhalten. In großen Fabriken kamen plötzlich Hunderte Menschen zusammen und führten dort eine spezifische Aufgabe aus. Frederick Winslow Taylor, Gründervater des Taylorismus, legte noch eine Schippe drauf und verschärfte die innerbetrieblichen Prozesse. Es wurde nach detaillierten und sehr spezifischen Zielvorgaben gearbeitet: kein Handschlag mehr zu viel und für alle galt das Prinzip »one best way« – es gibt nur einen richtigen Weg, eine Tätigkeit auszuführen. Hier begann nun auch die groß angelegte Abhängigkeit der Arbeitnehmenden von einem Unternehmen. Wer nicht spurte, krank wurde oder vielleicht sogar das System kritisierte, wurde schnurstracks ausgetauscht und landete auf der Straße. Was das mit dem Betriebsklima gemacht hat, liegt auf der Hand. Es herrschte Angst und Ehrfurcht vor dem Patriarchen, und die wechselseitige Beziehung bestand aus dem reinen Austausch von Arbeitsleistung und Lohn. Das Einzige, was hier unter Betriebsklima verstanden wurde, waren vermutlich tatsächlich die viel zu heißen oder viel zu kalten Temperaturen in den Fertigungshallen.

Im 20. Jahrhundert wurden die ersten Gewerkschaften und Betriebsräte gegründet, Frauenrechtsbewegungen organisiert, gesetzliche Regelungen zu Arbeitsbedingungen beschlossen und die Sozialversicherung eingeführt, die den Lebensunterhalt auch außerhalb der Erwerbstätigkeit sicherte. Durch die neu gewonnene Freiheit der Menschen, aber auch durch komplexer werdende Tätigkeiten, die unsere heutige Dienstleistungsgesellschaft mit sich bringt, entwickelte sich mehr und mehr das Verständnis von Arbeitgebenden, dass der reine Austausch von Lohn und Arbeitszeit nicht mehr ausreicht, um effektiv und effizient zu arbeiten. Ein Mitdenken und das Engagement jedes/jeder Einzelnen, der Blick für das Große und Ganze, für all jenes, was nicht vertraglich definiert werden kann, erhielt eine größere Bedeutung. In der Managementliteratur wird dazu häufig das Zitat des Schriftstellers Antoine de Saint-Exupéry herangezogen:

»Wenn du ein Schiff bauen willst, dann trommle nicht Männer zusammen, um Holz zu beschaffen, Aufgaben zu vergeben und die Arbeit einzuteilen, sondern lehre die Männer die Sehnsucht nach dem weiten, endlosen Meer.«

In der Soziologie wird dies auch als »Subjektivitätsbedarf von Organisationen« beschrieben – ein Begriff, mit dem Sie gerne im nächsten Meeting glänzen dürfen. Unternehmen sind auf das Mitdenken ihrer Mitarbeitenden angewiesen. Es beginnt sich hier also ein Bewusstsein dafür zu formen, dass die Einstellung, die Werte, die Meinung, die

Überzeugung und die Identifikation von Mitarbeitenden eine wichtige Stellschraube für erfolgreich arbeitende Unternehmen darstellen.

Wo wir heute stehen

Wagen wir nun den Sprung in die Neuzeit und schauen uns etwas feingliedriger an, was sich im 21. Jahrhundert noch alles getan hat. Unbestritten befinden wir uns in einer Dienstleistungsgesellschaft, die sich nicht nur durch eine rasante technische Weiterentwicklung auszeichnet, sondern auch durch eine veränderte Einstellung zur Arbeit. Taylorismus ist out: »one best way« wird zu »many best ways«. Und auch Martin Luther wäre stolz auf uns, denn heute spielt die Identifikation mit dem eigenen Beruf eine große Rolle.

In der Generation der Babyboomer, also den Geburtsjahrgängen Mitte der 1940er bis Mitte der 1960er Jahre, galt, geprägt durch den Zweiten Weltkrieg, ein sicherer Job noch als das Maß der Dinge. Bereits die darauffolgende Generation X, auch als Generation Golf bekannt, die die Geburtsjahrgänge 1965 bis 1985 umfasst, setzte neue Maßstäbe und der Begriff Work-Life-Balance hielt Einzug in den Volksmund. Beide Generationen sind es gewohnt, regelmäßige Arbeitszeiten in Unternehmen vorzufinden, einen festen Arbeitsplatz, möglicherweise sogar ein eigenes Büro. Sie erleben technische Revolutionen, die die Arbeitswelt verändern. Von der Übermittlung von Inhalten via Lochstreifen über die elektronische Schreibmaschine und das Faxgerät, die ersten Drucker und Computer, Mobiltelefone und E-Mails – das Wissen über all das musste man sich angeeignen und die Arbeitswelt beschleunigte sich schwindelerregend schnell.

Die darauffolgende Generation Y (1985 bis 1995) wächst mit all diesen Technologien wie selbstverständlich auf – obwohl hier vermutlich niemand mehr Lochstreifen kennt. An die unbegrenzten Möglichkeiten von Innovationen glaubend, strebt sie nicht mehr nur nach Work-Life-Balance, sondern stellt die Art der Arbeit grundsätzlich infrage. Sie will Flexibilität, Aufstiegschancen und einen Job, der sie erfüllt. Arbeitgeberwechsel sind für sie kein Problem, sondern Normalität und, um beruflich weiterzukommen, sogar unabdingbar.

Ähnliches gilt für die Geburtenjahrgänge 1995 bis 2015, die Generation Z, die neben den Millennials in den Startlöchern steht und ihren Teil des Kuchens abbekommen möchte – am liebsten zu ihren Bedingungen. Die Konzepte New Work, Agiles Management und die VUCA-Welt sind für die Generationen Y und Z erstrebenswerte Zustände, auf deren Einstellung sie sich nicht erst einlassen müssen. Diese Pluralität, die Fähig- und Fertigkeiten, die Einstellung zur Arbeit und auch der Anspruch an das Miteinander haben Auswirkungen auf das Betriebsklima und müssen in Einklang gebracht werden. Doch eines haben alle Generationen gemeinsam: Sie arbeiten gerne und es steigert ihre grundsätzliche Lebenszufriedenheit, in Lohn und Brot zu stehen.

Alles nur noch VUCA oder: Wie unser Leben immer unüberschaubarer wird

Unsere Welt hat sich in den letzten Jahrzehnten enorm verändert. Das Wissen der Menschheit verdoppelt sich rasant und wächst dabei exponentiell. Wie weitreichend und alltagsverändernd diese Entwicklung ist, erkennen wir oft erst im Rückblick. Täglich prasseln neue Konzepte, Modelle und Technologien auf uns ein, die uns schneller und effizienter machen sollen. Viele Prozesse laufen dabei parallel, was eine enorme Auffassungsgabe und Umsetzungskompetenz erfordert. Diese Entwicklung zu begreifen und mitzutragen, ist für viele Menschen eine Überforderung. Sie verlieren den Überblick. Das kann zu Unzufriedenheit, schlechter Stimmung und Missverständnissen im Team führen. Hinzu kommt der permanente Zeitmangel, den wir verspüren, denn in der sich stetig verändernden Gegenwart sind wir die meiste Zeit mit der Realitätsbewältigung beschäftigt – wer hat da noch Zeit für das Betriebsklima?

Um diese steigende Anzahl von Informationen und die zunehmende Komplexität unserer Welt greifbar und verständlich zu machen, entwickelte sich der Begriff VUCA. VUCA ist ein Akronym für *volatility* (Volatilität), *uncertainty* (Unsicherheit), *complexity* (Komplexität) und *ambiguity* (Mehrdeutigkeit). Damit werden die vermeintlichen Merkmale unserer neuen, komplexen (Arbeits-) Welt beschrieben. Jeder einzelne Begriff steht gleichermaßen für eine Philosophie und Herangehensweise. Lassen Sie uns schauen, für welche:

Volatilität (volatility)

Volatilität beschreibt das Ausmaß von Schwankung, Unbeständigkeit und Abweichung von der Normalität. Das Gewohnte wird durch etwas Unvorhergesehenes außer Kraft gesetzt. In der VUCA-Welt soll dieser Begriff dazu auffordern, schon bei der Planung von Projekten und/ oder Veränderungsprozessen mit Unvorhersehbarem zu rechnen.

Unsicherheit (uncertainty)

Volatilität geht Hand in Hand mit der Unsicherheit. Unsere Zeit ist kurzlebig, verändert sich permanent. Märkte, Kundenansprüche und Erwartungen der Mitarbeitenden sind oft nicht vorhersehbar. Mit dieser Ungewissheit können viele Menschen nur schwer umgehen. Auf sie sollten Führungskräfte daher ein besonderes Augenmerk legen. Diese Mitarbeitenden brauchen mehr Führung als Menschen, die sich flexibel auf neue Rahmenbedingungen einstellen können.

Komplexität (complexity)

Der Begriff beschreibt die Vielschichtigkeit unserer neuen (Arbeits-) Welt. Hier herrscht eine große Anzahl von Einflussfaktoren, die in gegenseitiger und komplizierter Abhängigkeit zueinander stehen. Um als Führungskraft dieser Komplexität Herr zu werden, sollten Sie das Große und Ganze zusammen mit Ihrem Team immer wieder in seine Bestandteile zerlegen, Zwischenziele einfügen, reflektieren und hinterfragen. Das hilft bei der Priorisierung, um die für die Zielerreichung förderlichen Aktivitäten einzuplanen.

Mehrdeutigkeit (ambiguity)

In der VUCA-Welt sind eindeutige Zuschreibungen eine Seltenheit. Begriffe, Situationen und Herangehensweisen, die für den einen ganz klar und eindeutig sind, interpretiert die andere völlig anders. Mehr- und Doppeldeutigkeiten sorgen daher oft für Konflikte und Unsicherheiten. Entscheidend im Führungskontext ist, Mehrdeutigkeiten zu besprechen und sich auf eine gemeinsame Sichtweise bzw. Interpretation des jeweiligen Themas zu einigen. Drücken Sie immer wieder die Pausentaste, fragen Sie nach und fassen Sie das Gesagte mit eigenen Worten zusammen. So stellen Sie sicher, dass alle das gleiche Verständnis für eine Situation oder einen Begriff haben.

Das »VUCA-Phänomen« macht uns das Leben oft schwer und die Gestaltung eines guten Betriebsklimas nicht leichter. Im Gegenteil: Es erfordert eine hohe Fehlertoleranz und Flexibilität, aber auch die Bereitschaft zur Leistung an sich. All das setzt ein hohes Maß an Grundzufriedenheit und Motivation voraus. Ohne die geht es nicht, wie das folgende Kapitel zeigt.

Was den Betrieb zufrieden macht

Die Grundlage für ein gutes Betriebsklima ist die Zufriedenheit der im Betrieb agierenden Personen. Frederick Herzberg, ein amerikanischer Professor für Arbeitswissenschaft und klinische Psychologie, hat dazu in den 1960er Jahren eine bis heute oft zitierte und genutzte Theorie aufgestellt. Getrieben von der Frage, was Menschen zu Höchstleistungen antreibt, entwickelte er die 2-Faktoren-Motivationstheorie, in der er zwischen Hygiene- und Motivationsfaktoren unterscheidet. Klingt nicht wirklich sexy, ist an manchen Stellen eingestaubt, beinhaltet aber wichtige Erkenntnisse für das Thema Betriebsklima.

Motivatoren beeinflussen die Bereitschaft und Lust zur Leistung. Die Zufriedenheit mit sich selbst und das Streben nach Wachstum stehen dabei im Mittelpunkt. Sie sind die »Happy-Maker«. Happy machen uns dabei Dinge wie Leistung, Erfolg, Anerkennung, die Tätigkeit, die ausgeübt wird, Verantwortung, Aufstiegschancen und Wachstum. Aber Achtung: Ein Fehlen dieser Dinge führt nicht zwangsläufig zur Unzufriedenheit. Anders sieht das bei der zweiten Dimension, den Hygienefaktoren aus. Darunter fallen das Gehalt, die Personalpolitik, der Führungsstil des oder der Vorgesetzten, Arbeitsbedingungen wie das eigenständige Einteilen der Arbeitszeit oder ein gut ausgestatteter Arbeitsplatz. Aber auch die Beziehung zu den Kollegen*innen und Vorgesetzten, der Einfluss der Arbeit auf das Privatleben oder die

Jobsicherheit sind Hygienefaktoren oder, wie wir liebevoll sagen, die »Schönheitspfleger«. Ohne sie geht in Sachen Zufriedenheit nichts, sie sind aber auch kein alleiniger Garant. Häufig werden sie von der Belegschaft auch als selbstverständlich verstanden und bekommen nur dann Aufmerksamkeit, wenn sie fehlen. Gemein, aber wahr. Letztlich ist das Zusammenspiel der beiden Faktoren ausschlaggebend für die Stimmung im Unternehmen.

Die Ausprägung macht die Musik

Die Kombination von Hygienefaktoren (Schönheitspflegern) und Motivatoren (Happy-Makern) erzeugt vier mögliche Situationen:

1. **Hohe Hygiene und hohe Motivation:** Die Idealsituation, in der Mitarbeitende hoch motiviert sind und wenig Beschwerden haben. Sonniges Betriebsklima ist hier programmiert.
2. **Hohe Hygiene und geringe Motivation:** Die Mitarbeitenden haben zwar kaum Beschwerden, sind aber schlecht motiviert (Söldner-Mentalität). Ein Nebelschleier liegt in der Luft.
3. **Geringe Hygiene und hohe Motivation:** Die Mitarbeitenden sind motiviert, haben aber viele Beschwerden. Der Job ist aufregend und herausfordernd, aber die Arbeitsbedingungen sind nicht so gut. Früher oder später wird hier ein Gewitter aufziehen.
4. **Geringe Hygiene und geringe Motivation:** Die schlechteste Situation, in der Sie sich befinden können, denn die Mitarbeitenden sind unmotiviert und haben viele Beschwerden. Eine echte Klima-Katastrophe.

Einige der Motivatoren können auch zu Hygienefaktoren werden, also zur Selbstverständlichkeit. Umgekehrt können Hygienefaktoren an Bedeutung gewinnen und zu Happy-Makern werden, wenn sie länger gefehlt haben. Die Einordnung von einzelnen Faktoren in die Gruppe der Hygienefaktoren oder Motivatoren hängt also in Teilen auch von der spezifischen Situation sowie dem Erfahrungshintergrund der/des Einzelnen und der Gesellschaft insgesamt ab.

Herzbergs Modell ist eine »Basis-Theorie«, auf der viele weitere Forschungen und Modelle aufbauen. Er vertritt die These, dass zufriedene Mitarbeiter*innen grundsätzlich mehr Leistung erbringen – so die Theorie im letzten Jahrhundert. Heute wissen wir: Es sind weitaus mehr Faktoren, die eine Rolle in puncto Motivation, Zufriedenheit und damit auch Betriebsklima spielen. Drückt Stress im Alltag auf die Stimmung oder befindet sich jemand in seinem inneren »Zen«? Die Leistungsbereitschaft hängt oft von der jeweiligen Situation ab, in der sich der oder die Mitarbeitende befindet.

Da unsere Lebensrealitäten so unterschiedlich wie das Wetter selbst sind, haben wir in diesem Buch verschiedene Klima-Elemente in vier Klimazonen eingeordnet. Die einzelnen Elemente können dabei zur Motivation und Zufriedenheit beitragen oder aber, wenn sie mehr schlecht als recht gelebt werden, zu Demotivation und Unzufriedenheit führen. Herzbergs Modell erklärt uns also nicht die ganze »Arbeits-Zufriedenheits-Welt«, bietet Ihnen aber – gemeinsam mit der Betrachtung unserer Klimazonen – die Möglichkeit einer ersten Maßnahmen-Inventur: Was bieten wir unseren Mitarbeitenden bereits und was fehlt noch? Doch bevor wir uns tiefer in den Klima-Dschungel wagen, möchten wir Sie noch für die Auswirkungen eines getrübten Betriebsklimas sensibilisieren.

Die Konsequenzen schlechter Stimmung

Einige der Konsequenzen von dicker Luft in Unternehmen liegen auf der Hand: Schlechte Stimmung trübt das Gemüt, senkt die Zufriedenheit und führt im schlimmsten Falle zu seelischen oder körperlichen Krankheiten der oder des Einzelnen. Doch auch aus einer eher ökonomischen Sicht hat ein schlechtes Betriebsklima weitreichende Folgen. Die Identifikation mit dem und die emotionale Bindung an das Unternehmen lassen nach, was zu innerer Kündigung, sinkender Eigeninitiative sowie mangelnder Leistungsbereitschaft führt. Die Produktivität wird schlechter, Krankenstand und Fluktuation steigen, was letztlich zu einer Belastung der übrigen Belegschaft und zu Mehrkosten für das Unternehmen führt. Die seit 2001 jährlich durchgeführte Gallup-Studie zur emotionalen Bindung von Mitarbeitenden an ihr Unternehmen hängt ein Preisschild an diese These: 105 bis 122 Milliarden Euro Schaden für die gesamte Volkswirtschaft. Onboarding und Exit-Interviews sind nun immer häufiger an der Tagesordnung. Doch die Unternehmenslenker*innen sind nur noch damit beschäftigt, die »Löcher im Flickenteppich« zu stopfen, anstatt sich mit ihren eigentlichen Aufgaben zu beschäftigen. Ein Teufelskreis, aus dem viele Unternehmen nur schwer wieder herauskommen.

Damit es in Ihrem Betrieb nicht so weit kommt, erinnern Sie sich regelmäßig daran, wer das Betriebsklima gestaltet: Es sind die Menschen, die darin agieren. Und es sind ebenjene Menschen, die es auch wieder verändern können – wenn sie im Unternehmen grundsätzlich motivierende und stabile Rahmenbedingungen vorfinden.

2.

Na, wie ist die (Wetter-)Lage? Indikatoren zum Betriebsklima

Generationendialog

Sophia: Ich habe das große Glück, bisher nur für ein Unternehmen gearbeitet zu haben, in dem das Betriebsklima »bedenklich« war. In nur drei Jahren haben zweimal 90 Prozent meines direkten Teams gekündigt. Als Auszubildende war das für mich damals aber keine Option. Wir waren überarbeitet, es fehlte an Wertschätzung und unterm Strich wurden meine Kolleginnen und ich als austauschbare Human Resources betrachtet.

Frauke: Oh ja, das kenne ich auch nur zu gut. Ich erinnere mich an einige Stationen in meinem beruflichen Leben, wo das Miteinander der Belegschaft gut, die Beziehung zu den Vorgesetzten jedoch eher schwierig war. Es gab gefühlt eine Zweiklassengesellschaft. Für die meisten von uns war das eine Normalität, gegen die nicht rebelliert wurde. Wie war das bei dir damals? Gab es keine Möglichkeit, Feedback oder Beschwerden zu adressieren?

Sophia: Leider nein. Eine gesunde Feedback-Kultur gab es in dem Unternehmen nicht und Rebellion stand auch nie zur Debatte. Wären wir Mitarbeitende nach unserer Zufriedenheit befragt worden, hätte es sicher »Bestnoten« geregnet – allerdings im unteren Bereich der Bewertungsskala. Erstaunlicherweise denke ich dennoch gerne an diese Zeit zurück, denn zumindest in meiner Abteilung waren die »weichen Faktoren« wie beispielsweise der Zusammenhalt unter uns Leidensgenossinnen gut. Heute, mit mehr Lebenserfahrung und Jobmöglichkeiten, würde ich in solch einem Unternehmen noch nicht einmal bis zum Ende der Probezeit bleiben. Heute habe ich einen anderen Anspruch an Betriebsklima und Führung.

Frauke: Da sprichst du etwas ganz Wichtiges an, denn das Betriebsklima steht und fällt mit der Führung. Als ich selbst in sehr jungen Jahren Führungskraft wurde, habe ich mich an den Kollegen orientiert, die in dieser Position schon länger unterwegs waren. Automatisch habe ich deren Herangehens- und Verhaltensweisen übernommen. Erst Jahre später wurde mir bewusst, dass Mitarbeitende viel produktiver und zufriedener sind, wenn sie das echte, das wahrhafte Gefühl haben, gut behandelt und individuell geführt zu werden. Seither reflektiere ich meinen Führungsstil regelmäßig, hole mir Feedback ein und achte noch mehr auf einen respektvollen und wertschätzenden Umgang – auf allen Hierarchieebenen. Die Sozialisierung, die ich als junge Führungskraft erlebt habe, lässt sich aber nicht ganz abschalten. Ich bin nach wie vor eine eher stringente, fordernde und offen Kritik äußernde Führungskraft. Vor allem Letzteres führt nicht immer zu dem Erfolg, den ich beabsichtige. Daher heißt führen auch, sich immer wieder neu zu hinterfragen.*

Bisher haben Sie erfahren, was dieser diffuse Begriff »Betriebsklima« eigentlich bedeutet, wie sich unser Verständnis von Arbeit gewandelt hat und was die Zufriedenheit von Menschen am Arbeitsplatz bestimmt. Doch wir haben Ihnen auch geschildert, was passiert, wenn das Betriebsklima kippt, Ihre Mitarbeitenden eben nicht mehr zufrieden sind und unmotiviert zur Arbeit kommen. Damit wollen wir Sie nicht im Regen stehen lassen. Im folgenden Kapitel beschreiben wir vier Indikatoren, anhand derer Sie feststellen können, wie es um Ihr Betriebsklima bestellt ist.

Der Krankenstand

Der Krankenstand ist einer der aussagekräftigsten Indikatoren. Ist er sehr hoch, sollten Sie skeptisch werden. »Was heißt hoch?«, fragen Sie sich bestimmt zu Recht. 2019 waren Arbeitnehmerinnen und Arbeitnehmer in Deutschland durchschnittlich 10,9 Arbeitstage krankgemeldet, so das Statistische Bundesamt.[2] Unverhältnismäßig viele Krankmeldungen führen häufig nicht nur zu schlechter Stimmung bei den nicht kranken Kollegen und Kolleginnen, sondern haben auch wirtschaftliche Folgen. Der wirtschaftliche Schaden durch den Wertschöpfungsausfall und die impliziten Kosten wie Leistungsabfall durch Demotivation oder Überforderung sind kaum abbildbar und belaufen sich auf Milliarden. Häufig gibt es mehrere Faktoren, die bestimmen, wie hoch der Verlust tatsächlich ausfällt:

- **Kostenfaktor 1:** Sind Mitarbeiter*innen regelmäßig krank, muss die Tätigkeit, die sie ausüben, entweder von internen oder externen Personen aufgefangen werden.
- **Kostenfaktor 2:** Kann die Tätigkeit nicht aufgefangen werden, machen Sie Verlust – an tatsächlich produzierten Gütern, Innovationen, kreativen Ideen etc.
- **Kostenfaktor 3:** Verpassen Sie Deadlines, fallen möglicherweise Strafgebühren an oder Sie verlieren die Aufträge ganz, weil Sie Ihre Kunden nicht zufriedenstellen.
- **Kostenfaktor 4:** Sie zahlen ein Gehalt, für das Sie keine Gegenleistung erhalten.
- **Kostenfaktor 5:** Ihre übrigen Mitarbeitenden arbeiten mehr, der Zusammenhalt des Teams lässt nach, Motivation und Produktivität sinken.

Emotionale Verbundenheit als Schlüssel

Verstehen Sie uns nicht falsch: Wer krank ist, ist krank, sollte zu Hause bleiben und sich in Ruhe auskurieren. Jedoch ist es Ihr Job als Führungskraft, bei hohem Krankheitsstand genau hinzusehen und herauszufinden, wo die Gründe dafür liegen und wie Sie mildernd auf diese einwirken können. Denn auch hier zeigt sich: Emotional an das Unternehmen gebundene Mitarbeitende sind im Durchschnitt seltener krank. Stellen Sie sich eine Skala von 1 bis 100 vor. 25 Prozent der Mitarbeitenden, die sich ihrem Unternehmen emotional am verbundensten fühlen, weisen eine um 40 Prozent geringere Krankheitsrate auf als solche, die sich in den unteren 25 Prozent befinden.

Die Fluktuation

Auch die Fluktuation innerhalb Ihres Unternehmens gibt wichtige Hinweise auf die Qualität Ihres Betriebsklimas. Schaffen Sie es, Ihre Mitarbeitenden auch emotional an sich zu binden, sinkt die Wahrscheinlichkeit, dass diese das Unternehmen verlassen. Die Realität sieht aber für Arbeitgeber nicht immer rosig aus. Nur 15 Prozent der Arbeitnehmer geben an, eine hohe emotionale Bindung zu haben,

69 Prozent eine geringe und 16 Prozent gar keine – ein Trend, der bereits seit Jahren anhält, so der Gallup Engagement Index.[3] Dass ein Wechsel des Arbeitgebers somit keine große Belastung für die Mehrheit der Arbeitnehmenden darstellt, liegt hier auf der Hand. Insbesondere zwei Aspekte verschärfen das Problem der Fluktuation noch: Zum einen finden wir in den Generationen Y und Z eine größere Akzeptanz, wenn es um Veränderungen geht. Ein Jobwechsel ist für sie keine große emotionale Hürde. Zum anderen war der Arbeitsmarkt in den letzten Jahren üppig und von Angebotsüberhang gekennzeichnet. Sprich: Wer einen neuen Job wollte, bekam diesen in der Regel auch. Unabhängig von Generationen-Effekten führt eine hohe Fluktuation jedoch auch dazu, dass Sie Zeit verlieren. Jeder neu eingestellte Mitarbeitende muss eingearbeitet werden, was gut und gerne bis zu einem Jahr dauern kann, ehe er das Niveau seines Vorgängers/seiner Vorgängerin erreicht hat. Je nachdem, wie lange es dauert, bis eine Stelle nachbesetzt wird, muss das Team die liegen bleibende Arbeit abfangen, was den Teamspirit belasten kann. Außerdem dürfen Sie nicht vergessen, dass jeder Fortgang eines Mitarbeiters oder einer Mitarbeiterin auch den Verlust von Wissen und Kompetenz mit sich bringt. Alles in allem lohnt es sich also, hier ein wachsames Auge darauf zu haben.

Die Zufriedenheit der Mitarbeitenden

Eine beliebte und in der Arbeitswelt häufig genutzte Methode zur Erfassung der internen Stimmung sind Befragungen unter den Mitarbeitenden. Viele insbesondere größere Unternehmen führen diese standardmäßig in wiederkehrenden Abständen durch. Doch was macht Mitarbeitende zufrieden? Rufen wir uns hier noch einmal Frederick Herzberg und seine Theorie zu den Hygiene- und Motivationsfaktoren ins Gedächtnis: Mitarbeitende sind zufriedener, wenn ihnen Anerkennung und Wertschätzung entgegengebracht werden, wenn sie selbstbestimmt sind und die Möglichkeit haben, Verantwortung zu übernehmen. Auch Arbeitsbedingungen, Kollegialität und das Gehalt nehmen Einfluss auf das Betriebsklima. Diese Indikatoren lassen sich wunderbar abfragen. Sofern die Befragung anonym durchgeführt wird, dürfen Sie sich auch über ehrliches Feedback freuen. Sollte dies wenig erfreulich ausfallen, stecken Sie nicht gleich den Kopf in den Sand. Zum einen werden Befragungen gerne auch dafür genutzt, Frust abzulassen (denken Sie an die Wahlen zur Regierungsbildung), und zum anderen machen Ihnen Ihre Mitarbeitenden ein Geschenk damit. Sie dürfen in Ihre Köpfe hineinsehen und können sich gezielte Maßnahmen für Problemfelder überlegen. Falls Sie bisher noch keine regelmäßigen Umfragen durchführen, sollten Sie zügig damit anfangen. Vergessen Sie dabei nicht, den Betriebsrat mit ins Boot zu holen und Stakeholder zu gewinnen, die für Ihr Projekt die Trommel schlagen. Eine Mitarbeiter*innen-Befragung trägt nur Früchte, wenn möglichst viele freiwillig daran teilnehmen. Überlegen Sie sich vorher mithilfe ausgewählter Kolleginnen und Kollegen oder externer Berater*innen, welche Fragen Sie stellen möchten, was wirklich wichtig ist. Sollten Sie bereits standardisierte Fragebögen nutzen, jedoch bestimmte Themen unter den Nägeln brennen, so fragen Sie bei der Geschäftsführung oder der Personalabteilung nach, ob auch variable Fragen möglich sind.

Zu guter Letzt noch ein Appell: Nutzen Sie die Ergebnisse und entwickeln Sie Maßnahmen, um Probleme anzugehen. Schaffen Sie Transparenz und veröffentlichen Sie die Ergebnisse, egal wie sie ausfallen mögen. Ihre Mitarbeitenden werden Ihr Engagement und Ihre Ehrlichkeit zu schätzen wissen und Sie abstrafen, wenn die Umfrage in der Schublade verschwindet.

Feedback aus Exit-Interviews

Ebenfalls hilfreich, um etwas über das Betriebsklima zu erfahren, aber im hektischen Arbeitsalltag häufig vergessen, sind Exit-Interviews. Diese sollten mit jedem Mitarbeitenden geführt werden, der Ihr Unternehmen verlässt. Hier haben Sie die einmalige Chance, herauszufinden, was die tatsächlichen Gründe des Ausstiegs sind und wie der/die Mitarbeitende auf das Unternehmen blickt. Waren es fehlende Aufstiegschancen, zu wenig Wertschätzung der Leistung, Konflikte im Team, von denen Sie nichts mitbekommen haben? Konsequent von der Personalabteilung geführt, können Sie durch Exit-Interviews mögliche strukturelle Probleme erkennen und ihnen zukünftig gegenwirken. Vermeiden Sie, dass die direkte Führungskraft das Exit-Interview führt, da der Fortgang auch direkt mit dieser zusammenhängen könnte. Studien zeigen, dass bereits jeder Zweite schon einmal chefbedingt gekündigt hat.

Doch auch bei einem friedlichen Auseinandergehen, weil Ihr Mitarbeiter oder Ihre Mitarbeiterin einfach ein sehr gutes Angebot bekommen hat, können Sie sich wertvolles Feedback einholen. Seien Sie kreativ in der Entwicklung einer solchen Erhebung. Achten Sie darauf, dass Gespräche unter vier Augen stattfinden, am besten, nachdem das Zeugnis ausgestellt wurde, um eventuellen Ängsten Ihrer Mitarbeitenden vorzugreifen. Lassen Sie sich auch positive Aspekte des Betriebsklimas nennen und achten Sie darauf, dass Fragen möglichst offen gestellt werden:

- »Warum möchten Sie uns verlassen?«
- »Was könnten wir Ihrer Meinung nach verbessern?«
- »Wenn Sie etwas aus unserem Unternehmen in andere Betriebe mitnehmen könnten, was wäre das?«

Werden diese Fragen mit einigen weiteren skalierten oder Multiple-Choice-Fragen kombiniert, können Sie viele wertvolle Erkenntnisse aus Exit-Interviews ziehen. Wir haben Ihnen hier drei mögliche Fragestellungen zur Anregung aufgelistet:

- Auf einer Skala von 1 bis 10, wobei 1 »sehr schlecht« und 10 »herausragend« bedeutet: Wie bewerten Sie das Betriebsklima in unserem Unternehmen?
- Würden Sie uns als Arbeitgeber weiterempfehlen? Antworten Sie bitte mit *ja* oder *nein*.
- Wie würden Sie die Beziehung zu Ihrer direkten Führungskraft beschreiben? Wählen Sie eine der unten genannten Antwortmöglichkeiten aus.
  A: Sie war von Vertrauen, Wertschätzung und Respekt geprägt.
  B: Unsere Beziehung war nicht immer harmonisch, aber wir haben stets versucht, ein gutes Verhältnis aufrechtzuerhalten.
  C: Wir hatten wenig Kontakt, sodass ich hierzu keine wirkliche Aussage tätigen kann.
  D: Die Beziehung war von Disharmonie und Differenzen geprägt.

Da wir immer wieder feststellen, dass Exit-Interviews in Unternehmen sehr stiefmütterlich behandelt werden, haben wir Ihnen im Anhang weitere Impulse zusammengestellt. Sehen Sie diese als Motivation und Anregung, hier (noch) aktiver zu werden.

Sollten Sie nun schon feststellen, dass Ihr Umgang mit dem Thema Exit-Interviews ausbaufähig ist, dann werfen Sie einen Blick in das Kapitel 5 »Darf's ein bisschen mehr sein?«. Hier haben wir Ihnen weiteren Input und Ideen zur Durchführung von Exit-Interviews zusammengestellt.

Die »weichen Faktoren«

Neben den messbaren Indikatoren Krankenstand, Zufriedenheit der Mitarbeitenden, Fluktuation und dem Feedback durch Exit-Interviews können wir das Betriebsklima anhand weiterer Parameter ableiten. Wir haben sie die »weichen Faktoren« genannt, da es Menschen erfahrungsgemäß schwerfällt, sie in Worte zu fassen. Insbesondere hier können wir unsere Klimametapher heranziehen. Die »weichen Faktoren« machen im wahrsten Sinne des Wortes die innerbetriebliche Stimmung aus. Sie umgeben uns im Alltag als Atmosphäre und können zu Sonnenschein, Donnerwetter oder Eiszeit führen. Wir bemerken ein schlechtes zwischenmenschliches Klima anhand eines Blickes, eines Augenrollens, einer sarkastischen, ironischen oder schnippischen Bemerkung des Kollegen. Vielleicht müssen wir mehrfach um Hilfe bitten, ehe wir sie bekommen. Im Meeting ist uns jemand über den Mund gefahren, das Budget für so dringend benötigtes Equipment ist auch nach sechs Wochen noch nicht freigegeben, oder Sie haben den Eindruck, es steht ein »Elefant« im Raum – also ein Thema, das das Team in irgendeiner Form bewegt –, doch niemand spricht darüber. Vielleicht haben Sie auch das Gefühl, Ihre Mitarbeitenden verstehen Sie immer falsch. Die Liste ließe sich beliebig weiterführen. Wenn Sie also finden, die Luft in Ihrem Unternehmen könnte besser sein, oder Sie bekommen häufig ähnlich gelagerte Rückmeldungen der Unzufriedenheit aus Ihrem Team, dann ist das ein eindeutiges Zeichen für ein angespanntes Betriebsklima.

3.
Die Klimazonen und ihre Elemente

Generationendialog

Sophia: Als Mitautorin dieses Buches und Mitentwicklerin der vier Klimazonen dürfte (und kann) ich nicht sagen, welche Zone die wichtigste ist. Sie sind alle wichtig und sollten möglichst ausgewogen sein. Denn wenn eine Zone stiefmütterlich oder auch zu konsequent behandelt wird, kann das Klima schnell kippen. Es ist wichtig, dass Unternehmen aus dem bunten Strauß der Möglichkeiten jene herauspicken, die für ihre Belegschaft besonders passend und wichtig sind.

Frauke: Welche Dinge würde denn deine Generation Y als eine besonders positive Einzahlung auf das Betriebsklima-Konto empfinden?

Sophia: Ich denke, dass insbesondere bei der Generation Y und Z Zusatzleistungen wie Weiterbildungsprogramme, ein Jobticket, Zuschüsse zu Freizeitaktivitäten oder Studiengebühren, aber auch flexible Arbeitszeiten und Teamevents einen enormen Einfluss auf das Betriebsklima nehmen. Vor allem aber wollen wir, dass unsere Arbeit und das Unternehmen, für das wir arbeiten, einen Sinn stiften. Über allen Themen – egal welcher Klimazone sie zuzuordnen sind – schwebt daher für mich ein alles entscheidender Faktor für gute Stimmung: Partizipation. Wir wollen einbezogen und beteiligt werden. Wir wollen unseren Beitrag leisten und fordern dafür ein bestimmtes Maß an Freiheit.

Frauke: Als Angehörige der Babyboomer-Generation musste ich mir diese Möglichkeit der Partizipation immer wieder neu erkämpfen. Die Hälfte meines Arbeitslebens wurde mir eingetrichtert, dass die unternehmerische Klimazone die einzig wahre und wichtige sei. Die Chefs haben bestimmt, was wann zu tun war. Ein Mitspracherecht gab es nur selten. Stattdessen waren Regeln und Standards einzuhalten. Punkt. Diese Einstellung habe ich als junge Führungskraft zunächst so übernommen.

Sophia: Heute empfinde ich dich nicht als eine ausschließlich unternehmerisch handelnde Führungskraft. Wie konntest du diese einseitige Denke ablegen?

Frauke: 1996 kam ich als Teilnehmende eines Workshops zum ersten Mal mit dem Thema Persönlichkeitsentwicklung in Berührung, und meine Reise der persönlichkeitsorientierten Führung begann. Durch den Besuch vieler Fortbildungen änderte sich meine Perspektive und damit auch mein Führungsstil. Bis heute schaue ich neben den unternehmerischen Dimensionen eines Betriebes immer auch auf die individuellen sozialen, atmosphärischen und räumlichen Komponenten und versuche, sie in Balance zu halten. Als Beraterin für Organisationsentwicklung hilft mir meine Berufserfahrung als Mitarbeitende und Führungskraft sehr, da ich durch diese unterschiedlichen Rollen einen Perspektivenwechsel vornehmen und unsere Kunden dadurch ideal unterstützen und begleiten kann.

Das Klima unserer Erde wird durch zahlreiche Faktoren beeinflusst: die Sonneneinstrahlung, die Verteilung von Land und Meer, die Zusammensetzung der Erdatmosphäre und die Höhe eines bestimmten Standortes. Auch Kreisläufe wie die allgemeine Zirkulation der Atmosphäre, Meeresströmungen und nicht zuletzt der Mensch selbst, der Treibhausgase produziert und Flächen bebaut und versiegelt, beeinflussen das Weltklima. Genauso verhält es sich auch mit dem Klima im Betrieb: Es gibt nicht den einen Faktor für gutes oder den einen Grund für schlechtes Betriebsklima. Aus unserer Sicht sind es vier Klimazonen, die die Stimmung im Unternehmen prägen: die *unternehmerische*, die *räumliche*, die *soziale* und die *atmosphärische* Klimazone.

Wir haben diese Klimazonen definiert, um aus der feinstofflichen, nicht greifbaren innerbetrieblichen Atmosphäre etwas Beschreib- und Veränderbares zu machen. Denn genau das ist der Unterschied zum schwer veränderbaren Weltklima: Das Klima im Betrieb können Sie beeinflussen – durch Maßnahmen, die mal mehr und mal weniger aufwendig sind: indem Sie zum Beispiel Standards und Prozesse verändern (unternehmerische Klimazone), Arbeitsplätze neu gestalten (räumliche Klimazone), den Teamspirit fördern (soziale Klimazone) oder mehr Transparenz schaffen (atmosphärische Klimazone). Jede Zone beeinflusst direkt und indirekt die anderen Zonen, sie stehen in Reziprozität, in wechselseitiger Abhängigkeit zueinander. Das bedeutet in der Realität, dass Schwierigkeiten in der einen Klimazone konkrete Konsequenzen in einer anderen haben können. Welche Maßnahmen letztlich zum Erfolg führen, ist individuell, denn in jedem Unternehmen gibt es andere Gründe für ein schlechtes oder gutes Betriebsklima.

Die Abgrenzung der vier Klimazonen ist uns, wie bereits erwähnt, nicht immer leicht gefallen. So könnte ein Faktor auch in mehreren Klimazonen verortet werden. Insbesondere die soziale und atmosphärische haben sehr viele Gemeinsamkeiten. Dennoch kann das soziale Klima ein sehr gutes sein, obwohl die zwischenmenschliche Atmosphäre das nicht so widerspiegelt.

Je nachdem, welche Bedingungen in den einzelnen Klimazonen herrschen, kann das gut oder ungünstig sein. Feuer geht bekanntlich nicht aus, wenn man Öl hineingießt. Analysieren Sie nun, wie Ihr Unternehmen im jeweiligen Bereich aufgestellt ist. Sie erhalten dazu Reflexionsfragen, Unternehmensbeispiele und vieles mehr, die zum Nach- und Umdenken anregen. Auch unser Klima-Barometer am Ende des Buches kann Ihnen zeigen, wie es um Ihr Betriebsklima bestellt ist. Oder Sie blättern direkt zu der Klimazone, in der die Wetterverhältnisse am ungemütlichsten sind.

Die unternehmerische Klimazone

Würden wir uns die Klimazonen wie ein Haus vorstellen, dann wäre die unternehmerische Klimazone das Fundament des Betriebsklimas. Hier finden sich klimatische Grundbausteine wie organisationale Steuerungsinstrumente und strategische Entscheidungen der Führungsriege. Zielvorgaben, KPIs (Key Performance Indicators), die Entscheidung, Stellen auf- oder abzubauen, Arbeitszeiten und Gehälter, das Unternehmensleitbild sowie das Führungscredo, das als Maßstab für den Umgang mit Mitarbeitenden gilt – all das und noch einige Faktoren mehr befinden sich in der unternehmerischen Klimazone. Sie sind vielfältig und abhängig von Ziel und Zweck des Unternehmens. Bei der Ausgestaltung dieser Faktoren werden im Idealfall die Meinungen und Kompetenzen der Belegschaft berücksichtigt, damit sie für die Gesamtheit des Unternehmens trag- und lebbar sind. Sehen wir uns nun einige dieser wesentlichen Faktoren genauer an.

Arbeitszeit – »nine to five« war gestern

»Wer lange bleibt, hat mehr geleistet.« Dieser Glaubenssatz geistert immer noch durch viele Köpfe von Mitarbeitenden und Führungskräften. Ergo: Je mehr Stunden auf der »Stempelkarte«, desto besser für das Unternehmen und den eigenen Geldbeutel. Schließlich werden

Mitarbeitende in der Regel für die Arbeit von 9 bis 18 Uhr bezahlt. Seine »Pflicht« erfüllen und bis zum Gong bleiben – das ist für repetitive manuelle Tätigkeiten, die klassische Fließbandarbeit (ohne das despektierlich zu meinen) und auch für viele andere Tätigkeiten mit Schichtarbeitszeiten, ein Zeichen für Fleiß und Motivation. Hier ist eine Individualisierung nur schwer bis gar nicht realisierbar. In vielen anderen administrativen oder kreativen Berufen wirken sich »klassische« Arbeitszeitmodelle aus unserer Sicht langfristig eher demotivierend aus und entsprechen nicht mehr dem heutigen Zeitgeist. Denn Leistung orientiert sich nicht zwingend an Arbeitszeiten. Mitarbeitende arbeiten unterschiedlich effizient und effektiv. Die eine schafft ihren Workload morgens in nur sechs von acht Stunden, der andere hat sein Leistungshoch abends, wenn Kind und Kegel im Bett sind. Und außerdem: Wie stempelt man eigentlich die Zeit unter der Dusche oder beim Spaziergang, wenn man dort die besten Ideen hat?

Das gesellschaftliche und demnach auch das berufliche Leben der westlichen Welt findet heutzutage in der Regel von montags bis freitags zwischen 8 und 18 Uhr statt (ausgenommen sind natürlich die Berufsgruppen, die im Schichtdienst arbeiten). Was aber spricht dagegen, orts- und zeitunabhängige Arbeiten auch zwischen 18 Uhr und 8 Uhr oder am Wochenende zu erledigen, wenn es zum Lebensalltag des Arbeitnehmenden passt? Betrachten wir das Thema nämlich aus einer eher individuellen Perspektive, dann finden wir Menschen, die – bezogen auf die Tageszeit – eher früh, und welche, die eher spät aktiv und produktiv sind. Im Volksmund spricht man hier von »Lerchen und Eulen«. Unserer Erfahrung nach sind Menschen leistungsfähiger und motivierter, wenn sie entsprechend ihrem Biorhythmus agieren und arbeiten können.

Folgen wir diesen Empfehlungen, stellt das herkömmliche Arbeitszeitmodelle auf den Kopf. Oder aber sie eröffnen uns die Möglichkeit, diese neu zu überdenken. Aus unserer Sicht gibt es unendlich viele Aufgaben und damit verbunden auch Positionen, die nicht an bestimmte Zeiten und Orte gebunden sind. Warum müssen E-Mails zwischen 8 und 18 Uhr geschrieben und verschickt werden? Bedeutet eine festgelegte Arbeitszeit mehr Kontrolle über die Produktivität? Warum sollte ein Mitarbeitender nicht selbstständig entscheiden können, wann was von wo und wie dringend zu erledigen ist? Wenn wir einmal ehrlich sind: Die wenigsten Themen sind so zeitkritisch, wie sie sich im Arbeitsalltag darstellen. Eine eigenverantwortliche Arbeitszeitplanung führt in der Regel zu einem höheren Maß an Commitment, und das wiederum hat einen erheblichen Einfluss auf ein gutes Betriebsklima.

Viele Solo-Selbstständige agieren schon seit Langem viel flexibler und richten sich eher nach dem Bedarf ihrer Kunden. Und es funktioniert gut. Warum also nicht auch als Unternehmen mit herkömmlichen Arbeitszeiten brechen und den Mitarbeitenden zutrauen, dass sie ihre Arbeitszeit eigenverantwortlich, produktiv und effizient gestalten? Dabei muss der erste Schritt auch nicht die komplette Freiheit sein. Gleitzeitmodelle oder das Konzept der Vertrauensarbeit gepaart mit flexiblen Homeoffice-Zeiten können schon einen enormen Unterschied machen.

Gedankenfutter

- Wie ist die Arbeitszeit in Ihrem Unternehmen geregelt?
- Wie viel Selbstbestimmung erlauben Sie Ihren Mitarbeitenden?
- Wie viel Vertrauen geben Sie Ihren Mitarbeitenden bezüglich der Einteilung ihrer Arbeitszeit?
- Wie viel Kontrolle üben Sie aus und ist diese notwendig und zielführend bzw. fördert sie die Produktivität?
- Inwieweit haben Sie Mitarbeitende aufgefordert, neue, flexible Arbeitszeitmodelle vorzuschlagen, wenn die vorhandenen nicht ausreichend sind?

Bezahlung – Hauptsache fair

Betrachten wir Zufriedenheitsstudien ausschließlich im Hinblick darauf, wie zufrieden die Mitarbeitenden mit ihrem Gehalt sind, wird sich wohl keine einzige Umfrage finden lassen, die hier Bestnoten erhält. Liegt das an den generell schlechten Bezahlungen für erbrachte Leistungen? Laut Gallup Engagement Index sind ca. ein Drittel der Mitarbeitenden wenig bis gar nicht mit ihrer Bezahlung zufrieden, und diese Zahl ist seit 20 Jahren fast konstant.[4] Nehmen wir die Menschengruppe aus unserer Betrachtung heraus, die mehr Geld besitzt, als sie zu Lebzeiten ausgeben kann, dann kennen wir vermutlich niemanden, der nicht gerne mehr Geld verdienen würde. Inwieweit die Frage nach der Bezahlung in einer Zufriedenheitsumfrage unter Mitarbeitenden daher wirklich zielführend ist, bleibt offen.

»Motivation ist nicht käuflich.« Das ist nicht nur unsere Erfahrung, sondern auch das Ergebnis einer Umfrage der Unternehmensberatung Hay Group in Kooperation mit StepStone. 47 Prozent der rund 18.000 befragten Fach- und Führungskräfte in Deutschland gaben an, sie würden sich durch eine Gehaltserhöhung nicht zusätzlich anspornen lassen.[5]

Viele Faktoren wie zum Beispiel Tarifabschlüsse, betriebliche Gehaltsbandbreiten, Gratifikationen, Boni-Systeme oder Zuschläge sind Bestandteile der Entlohnung, auf die die Führungskraft häufig keinen direkten Einfluss hat. Außer Acht gelassen werden darf ebenfalls nicht, dass sich das Unternehmen das Gehalt jedes/jeder Einzelnen, abhängig von der Größe und der Anzahl der Beschäftigten, auch leisten können muss. Selbst wenn sie den Mitarbeitenden gerne mehr zahlen würden, stoßen viele Unternehmen an finanzielle Grenzen. Für ein gutes Betriebsklima ist daher entscheidend, dass die Bezahlung für erbrachte Arbeitsleistung als fair und gerecht empfunden wird. Unterschiede aufgrund von Ausbildung, Berufserfahrung und Dauer der Betriebszugehörigkeit müssen transparent und nachvollziehbar sein. Um schlechter Stimmung vorzubeugen, sollten die Mitarbeitenden gut über Gehaltsbandbreiten innerhalb einer Position sowie mögliche Zusatzleistungen informiert sein. In vielen Unternehmen herrscht jedoch bis heute der Leitsatz vor: »Über Geld spricht man nicht.« Wir halten das für eine klimatische Fallgrube, denn Mitarbeitende sprechen häufig trotz eines »Verbotes« über ihre Entlohnung. Hier kann schnell Neid, Frust und Missgunst entstehen, wenn kein Korrektiv eingeschaltet wird, das Unterschiede in der Vergütung erklärt – ganz zu schweigen von der Demotivation bis hin zur inneren Kündigung, wenn sich Mitarbeitende unfair behandelt fühlen.

Sollten Sie nicht die Möglichkeit haben, ein Gehalt dauerhaft zu erhöhen, können Sie besondere Leistungen auch unabhängig vom monatlichen Verdienst durch eine Einmalzahlung, zusätzliche Urlaubstage, ein Betriebsfahrrad oder Ähnliches honorieren. Dabei gilt das gleiche Gebot: Transparenz und Fairness. Wenn Sie für ein Unternehmen arbeiten, das aus welchen Gründen auch immer keine hohen Gehälter zahlen kann, dann sollten Sie ein besonderes Augenmerk auf die anderen Klima-Elemente legen, um Ihre Mitarbeitenden an sich zu binden und einen echten Mehrwert an anderer Stelle zu bieten.

Gedankenfutter

- Sind die Mitarbeitenden in Ihrem Unternehmen gut über die mögliche Verdienstentwicklung informiert?
- Sprechen Sie in den Entwicklungsdialogen auch das Thema Gehalt an?
- Wie reagieren Sie auf eine geforderte Gehaltserhöhung, die Sie nicht geben können? Bieten Sie Alternativen an?
- Welche Möglichkeiten haben Sie, um besondere Leistungen auch besonders zu honorieren?
- Wie gehen Sie das Thema Gehalt im Einstellungsgespräch an?

Tätigkeit – Positionen für Mitarbeitende gestalten

Menschen beziehen viel Zufriedenheit aus der Art sowie dem Sinn und Zweck ihrer Tätigkeit. Ist es für Mitarbeitende wichtig, dass die Arbeit zum großen Ganzen beiträgt? Empfindet er oder sie Freude im Job? Braucht der oder die Mitarbeitende den Austausch mit dem Team oder arbeitet er oder sie lieber allein? Jeder Mensch hat individuelle Bedürfnisse, Werte und Kompetenzen im Gepäck. Unternehmen müssen daher ganz genau hinsehen und regelmäßig hinterfragen, wer für welchen Job geeignet ist bzw. die passende Motivation für die entsprechende Tätigkeit mitbringt. Denn was für den einen abwechslungsreich ist, ist für die andere schnell eintönig. Die eine braucht eine kreative, selbstbestimmte Arbeit, während der andere wiederkehrende Routinen schätzt. Auch das Thema Teamwork ist im Hinblick auf das Betriebsklima ein wichtiges. In welchem Ausmaß Mitarbeitende gerne mit anderen arbeiten, hängt stark von der Persönlichkeit ab. Introvertierte Verhaltenstypen sind tendenziell lieber für sich oder Teil eines kleinen Teams, wohingegen sich extravertierte Verhaltenstypen gerne mit mehreren Kollegen um ein Projekt kümmern.

In unserem Institut haben wir gute Erfahrungen damit gemacht, nicht Positionen *mit* Menschen zu besetzen, sondern Positionen *für* Menschen zu gestalten. Dazu ist es wichtig, immer darauf zu achten, welche Talente, Interessen und Präferenzen jede*r Einzelne mitbringt. So haben wir eine Faustregel entwickelt: Circa 60 Prozent der Tätigkeit sind festgelegt und mehr oder weniger unumstößlich. Die verbleibenden 40 Prozent werden nach und nach gefüllt – basierend auf den Talenten und Interessen, die der/die Mitarbeitende mitbringt. Ein Win-win für beide Seiten. Auch wenn es mal nicht möglich sein sollte, 40 Prozent für die individuelle Entfaltung zu nutzen, so machen auch 10 Prozent einen Unterschied – für die individuelle Zufriedenheit und damit für das Betriebsklima.

Unterziehen Sie jede Position und die damit verbundenen Tätigkeiten regelmäßig einer Inventur. Es empfiehlt sich, mindestens einmal im Jahr mit Ihren Mitarbeitenden das Jobprofil, dessen Sinn und Zweck sowie Möglichkeiten der Optimierung zu besprechen. Sie werden erstaunt sein, welche Aufgaben nicht zielführend sind oder vernachlässigt werden. Vor allem aber werden Sie erkennen, wie zufrieden die Mitarbeitenden mit dem sind, was sie tun, und was zu tun ist, um die Jobs individueller zu gestalten. Dadurch wird auch ein Burn-out, also die dauerhafte Überforderung, die zu einem Zustand tiefer emotionaler, körperlicher und/oder geistiger Erschöpfung führen kann, vermieden. Das Gleiche gilt auch für den Gegenpol des Burn-outs, den Bore-out: eine ständige Unterforderung, quantitativ und qualitativ. Der Bore-out ist schwerer zu erkennen, denn viele der Betroffenen entwickeln eine »Vertuschungs«-Strategie. Sie strecken Aufgaben über mehrere Tage, machen Überstunden und proklamieren nach außen, dass sie extrem viel zu tun haben. Das führt zu einem Teufelskreis, denn Betroffene langweilen sich immer mehr, verlieren an Loyalität und Motivation. Die Leistung nimmt ab und Vorgesetzte verteilen spannende und interessante Aufgaben an andere Mitarbeitende. Beides sind Syndrome, die unbeachtet und unbehandelt starke gesundheitliche und existenzielle Folgen für Betroffene sowie wirtschaftliche Folgen (Arbeitsunfähigkeit, Leistungsausfall, Wissensverlust etc.) für das Unternehmen haben können.

Gedankenfutter

- Gibt es in Ihrer Firma klare Tätigkeitsbeschreibungen? Und sind diese für alle Mitarbeitenden zugänglich?
- Wann haben Sie Ihre Mitarbeitenden zuletzt gefragt, ob sie mit ihrem Tätigkeitsprofil zufrieden sind?
- Gäbe es die Möglichkeit, Aufgaben innerhalb Ihres Teams neu zu verteilen?
- Wie entscheiden Sie, wer welche Aufgabe bekommt?
- Achten Sie darauf, dass Ihre Mitarbeitenden weder unter- noch überfordert sind?

Karriere – transparent und individuell Möglichkeiten bieten

Das Thema »Karriere im Unternehmen« ist oftmals ein heikles, denn es kann aus unterschiedlichen Gründen zu schlechter Stimmung führen: wenn eine Mitarbeiterin oder ein Mitarbeiter beispielsweise eine Beförderung anstrebt, aber nicht ausreichend gefördert oder sogar blockiert wird. Oder wenn er oder sie zufrieden ist in der Position, aber »gezwungenermaßen« befördert wird, weil es einfach »an der Zeit ist«. Diese Beobachtung – das sogenannte Peter-Prinzip oder auch Unfähigkeitsprinzip – geht auf den amerikanischen Professor Laurence J. Peter zurück. Er stellte die These auf, dass viele Mitarbeitende so lange befördert werden, bis sie in eine Position kommen, in der sie an ihre Kompetenzgrenzen stoßen und unfähig werden, diese erfolgreich auszuführen. Sie können sich sicher vorstellen, dass sich sowohl ein verhinderter als auch ein erzwungener Aufstieg nicht sehr positiv auf das Betriebsklima auswirken.

Oft wird ein beruflicher Werdegang nur dann als Karriere bezeichnet, wenn ein Mensch besonders schnell aufgestiegen ist und dazu auch noch Personalverantwortung übernimmt. Doch es gibt auch Tätigkeiten, denen ein ebenso erfolgreicher Karriereweg vorangeht: Stabs-, Experten- oder Spezialisten-Positionen zum Beispiel. Ihnen obliegt oftmals keine Personalverantwortung, dennoch sind diese Menschen karrieretechnisch äußerst erfolgreich in ihrem Job. Dass nur Führungsverantwortliche als »echte Karrieremenschen« gesehen werden, führt in vielen Unternehmen immer noch dazu, dass der Bock zum Gärtner gemacht wird. Fatal für den Bock, den Garten und auch für den Gärtner – denn Letzterer wird im schlechtesten Fall zum klimastörenden und destruktiven Mitwirkenden. Ein Lose-lose. Nicht nur für die Beteiligten, sondern auch für das Unternehmen, wenn Mitarbeitende ohne die notwendigen Qualifikationen zur Führungskraft befördert werden. Ohne eine individuelle Förder- und Karrierestrategie leiden somit alle: die Führungskraft, das zu führende Team und auch die Person, die besser geeignet für die Position gewesen wäre.

Mit Entwicklungsdialogen Klarheit schaffen

Damit der persönliche Karriereweg mit Zufriedenheit und Motivation einhergeht, sollten Unternehmen die unterschiedlichen Entwicklungs- und Aufstiegsmöglichkeiten aufzeigen und diese in individuellen Entwicklungsgesprächen mit den Mitarbeitenden klären. Verfügt das Unternehmen über hierarchische Karrierewege, müssen die jeweiligen Anforderungen klar und transparent formuliert sein. In den mindestens einmal im Jahr stattfindenden Entwicklungsdialogen sollten die individuellen Ambitionen besprochen, nächste Schritte festgelegt und schließlich konkret angegangen werden. Voraussetzung für diese Transparenz sind klar definierte Positionen und die damit verbundenen Stellenbeschreibungen. Diese beinhalten selbstredend auch die notwendigen Qualifikationen, die der Bewerber bzw. die Bewerberin mitbringen sollte. Allerdings können aufgrund der Talente und Begabungen eines Mitarbeitenden auch neue Positionen geschaffen werden, die für das Unternehmen einen Mehrwert liefern. Es lohnt sich, hier zu experimentieren.

Potenzielle Bewerber proaktiv ansprechen

Ein weiterer Faktor, der das Betriebsklima negativ wie positiv beeinflussen kann, ist der interne Bewerbungsprozess. In vielen mittelständischen und großen Unternehmen gibt es für das Besetzen von frei gewordenen oder neu geschaffenen Positionen Ausschreibungs- und Bewerbungsverfahren. Leider werden diese oft umgangen, sind wenig transparent und für Mitarbeitende nicht nachvollziehbar. Das führt nicht selten zu Unmut, Missgunst und leistungshemmender Enttäuschung. Für das Betriebsklima ist es daher sicher förderlich, proaktiv auf den Mitarbeitenden zuzugehen und die nächsthöhere Position anzubieten. Eine motivierende Herangehensweise, die die Zufriedenheit mit der Leistung des/der Einzelnen und die damit einhergehende Wahrnehmung des Potenzials herausstellt. Übersehen Sie dabei aber nicht diejenigen, sie sich für genauso qualifiziert halten und ebenfalls auf die Beförderung gehofft haben. Führen Sie auch mit diesen Mitarbeitenden ein Gespräch. Bieten Sie individuelle Weiterentwicklungsmöglichkeiten an oder begründen Sie, warum der Mitarbeitende für eine Beförderung bisher nicht berücksichtigt wurde. Eine »Übergangslösung« könnte eine Zwischenposition sein, die den Mitarbeitenden auf die angestrebte Position vorbereitet. Dieser Zwischenschritt kann zeitlich begrenzt und von weiteren Qualifizierungsmaßnahmen begleitet werden. An dieser Stelle bleibt die Frage, was Sie den Mitarbeitenden anbieten, die keine Karriereambitionen verspüren, aber dennoch Interesse an persönlicher oder auch fachlicher Weiterentwicklung bekunden. Hierzu finden Sie im nächsten Kapitel Inspiration.

Gedankenfutter

- Sind Ihre Personalentscheidungen soweit möglich transparent?
- Haben Sie klar definierte Karrierewege?
- Führen Sie regelmäßig Gespräche mit Ihren Mitarbeitenden über deren Karriereambitionen?
- Versuchen Sie kreative Lösungen zu finden, wenn Sie Mitarbeitende halten wollen, sie aber nicht in die angestrebte Position befördern können?
- Führen Sie entsprechende Gespräche mit den Mitarbeitenden, die Sie nicht auf der nächsten Karrierestufe sehen?
- Bietet Ihr Unternehmen Talentprogramme an, die gezielt zukünftige Führungs- und/oder Expertenkarrieren fördern?

Weiterentwicklung – die personalisierte Mischung macht's

Nicht alle Mitarbeitenden streben nach der großen Karriere, gehören aber vielleicht zu denjenigen im Team, die fleißig und engagiert sind, eine hohe emotionale Bindung an das Unternehmen haben und auch menschlich eine wahre Bereicherung sind. Echte Leistungsträger. Sie sind Veränderungen gegenüber offen, kollegial, verantwortungsbewusst und zielorientiert. Sie fordern nur wenig Aufmerksamkeit seitens der Führungskraft. Ihre Ausgeglichenheit und positive Energie ziehen sie oft auch aus Aktivitäten außerhalb ihrer beruflichen Tätigkeit. Ach, könnten nicht alle so sein! Ein nachvollziehbarer Wunsch. Stellen Sie sich nun vor, diese Gruppe von Menschen beschließt morgen, die Firma zu verlassen. Ein herber Verlust für das Team, die Führungskraft und das Unternehmen.

Weiterbildung als Bindungsmaßnahme

Es gibt viele Gründe dafür, warum Leistungsträger*innen einen Betrieb verlassen. Einer ist der Mangel an passenden fachlichen und persönlichen Weiterbildungsangeboten. Der Bedarf wird häufig vom Unternehmen nicht abgefragt, von den Mitarbeitenden aber auch nicht angemeldet. Wenn der Betrieb über Seminare, Schulungen oder Trainingsangebote verfügt, werden diese häufig nur in emotionslosen Weiterbildungskatalogen kommuniziert, die im schlechtesten Falle kaum jemand kennt. Weiterbildungsanträge sind zu kompliziert oder die Inanspruchnahme wird nicht aufrichtig als Bereicherung, sondern eher als Ablenkung von der eigentlichen Arbeit gesehen, sodass die Mitarbeitenden frustriert aufgeben. Doch der Wunsch nach Weiterentwicklung wird in vielen Zufriedenheitsumfragen als sehr wichtig bewertet. Auch Mitarbeitende ohne Karriereambitionen würden sich gerne mehr Wissen aneignen, um ihren Job besser ausführen zu können. Von Sprachunterricht über PC-Schulungen bis hin zu individuellem Coaching ist alles dabei. Sicher sind nicht alle von gleicher Bedeutung für das Unternehmen und haben daher nicht immer einen direkten Mehrwert. Der nicht unerhebliche indirekte Nutzen durch die Zufriedenheit des Mitarbeitenden sollte allerdings auch nicht außer Acht gelassen werden. Wenn beispielsweise ein gezieltes Coaching Unterstützung bei der Erfüllung der täglichen Aufgaben bietet, hat das nicht nur einen individuellen, sondern auch einen unternehmerischen Nutzen. Ein Coaching kann somit genauso effektiv und zielführend sein wie eine fachliche Ausbildung oder Zusatzqualifikation. Beachten Sie auch, dass Mitarbeitende von Unternehmen mit mehr als zehn Angestellten in der Regel einen gesetzlichen Anspruch von fünf Tagen Bildungsurlaub pro Kalenderjahr haben. Warum diesen nicht gezielt als Motivator nutzen und in die Entwicklungsdialoge integrieren? Dem Wunsch nach Weiterbildung gezielt und proaktiv nachzukommen, fördert die Zufriedenheit im Unternehmen. Die emotionale Bindung der Mitarbeitenden steigt, Krankheitstage und Fluktuation sinken.

Davon und auch von den neu erworbenen Skills profitieren Mitarbeitende und Unternehmen gleichermaßen.

Alles eine Frage des Jahrgangs

Wagen wir nun auch einen kurzen Blick auf die Generationen und ihren Wunsch nach persönlicher Weiterentwicklung. Der Generation Y und Z wird nachgesagt, größeren Wert auf Selbstverwirklichung zu legen als ihre Vorgänger-Generationen – beruflich wie privat. Insbesondere in akademischen Tätigkeitsfeldern sind Weiterbildungs- und Weiterentwicklungsmöglichkeiten vielmehr eine Selbstverständlichkeit als eine Frage des Angebots. Viele haben zumindest eine klare Vorstellung davon, was sie zusätzlich lernen wollen und müssen, um den Anforderungen der komplexen Arbeitswelt gerecht zu werden.

Aber auch die anderen Generationen wollen sich in ihrem Job nicht langweilen und werden dankbar für Optionen sein. Möchten Sie als Arbeitgeber also attraktiv bleiben, sollten Sie sich zu diesem Thema frühzeitig Gedanken machen und die unterschiedlichen Bedürfnisse der Generationen berücksichtigen. Sonst laufen Sie Gefahr, bei qualifizierten Bewerber*innen von vornherein durchs Raster zu fallen oder sie schon nach kurzer Zeit wieder zu verlieren. Schauen Sie sich Ihr Team an und fragen Sie die individuellen Wünsche ab.

Gedankenfutter

- Werden offensichtliche Talente angesprochen und weiterentwickelt?
- Gibt es Programme, die die Weiterentwicklung fördern?
- Sprechen Sie regelmäßig mit Ihren Mitarbeitenden über Weiterentwicklungswünsche und -möglichkeiten?
- Werden diese Gespräche schriftlich fest- und nachgehalten?
- Wie können Sie Ihre Mitarbeitenden proaktiv bei der Suche passender Weiterbildungen unterstützen?

Unternehmensleitbild – das »Große und Ganze« anschaulich vermitteln

Mit dem Leitbild formuliert ein Unternehmen seinen Sinn und Zweck, seine Werte, Ziele und Visionen sowie die Strategien, mit deren Hilfe diese Mission erreicht werden soll. In knackige Claims verpackt und mit emotionalen Bildern auf der Website, auf Bannern, Plakaten oder im Intranet präsentiert, soll sie den Mitarbeitenden und Kund*innen ein gutes Gefühl für das Unternehmen vermitteln und die Unternehmensphilosophie widerspiegeln. Doch nicht selten bleiben die schön ausformulierten Sätze nur leere Floskeln, weil das Leitbild im Unternehmensalltag nicht mit Leben gefüllt wird.

Wenn alle Beteiligten das Bild vom »Großen und Ganzen« kennen und wissen, dass ihre Tätigkeit einen Beitrag dazu leistet, wirkt sich das positiv auf das Betriebsklima aus. Mit anderen Worten: Wenn ich das Ziel nicht kenne, weiß ich auch nicht, ob ich den richtigen Weg gehe. Menschen brauchen Orientierung, Sinnhaftigkeit und das Gefühl der Selbstwirksamkeit.

Einer unserer Kunden, ein großer Automobilzulieferer, hat es perfekt verstanden, seine Mitarbeitenden im Arbeitsalltag an ihren individuellen Beitrag zum Großen und Ganzen zu erinnern. In großen Produktionshallen wurden viele kleine Teile ausgestanzt, die für sich allein betrachtet keinen unmittelbaren Sinn ergaben. In jeder dieser Hallen stand aber die Karosserie des Fahrzeugtyps, an der die jeweils produzierten Teile rot markiert waren. So konnte jeder Mitarbeitende unmittelbar sehen, wozu das von ihm gefertigte Teil dient und dass es eine entscheidende Rolle für das Fahrzeug spielt. Diese Anekdote zeigt, wie das Leitbild wirkungsvoll in den Arbeitsalltag der Mitarbeitenden integriert werden kann.

Ganz nach dem Motto »Viele Wege führen nach Rom« gibt es zahlreiche Methoden und Kreativprozesse, die Ihnen helfen können, Vision, Werte und Strategien Ihres Unternehmens zu definieren und die Mission auf dem Weg dorthin mit Leben zu füllen. Im Anhang haben wir Ihnen einen Prozess beschrieben, den wir branchenübergreifend sowohl für kleine und mittelständische Unternehmen als auch für Konzerne konzipiert und durchgeführt haben. Jede Maßnahme wurde individuell auf das Unternehmen abgestimmt und lässt sich daher nicht eins zu eins auf jeden Betrieb übertragen. Aber bestimmt werden Sie den ein oder anderen Impuls bekommen.

Gedankenfutter

- Hat Ihr Unternehmen ein Leitbild und ist es allen Mitarbeitenden bekannt?
- Was können Sie tun, um dieses ins Unternehmen zu tragen und lebendig zu halten?
- Wenn Sie kein Unternehmensleitbild haben: Was ist der Grund dafür?
- Sollten Sie kein unternehmensweites Leitbild haben, könnten Sie damit beginnen, eines für Ihr Team zu entwickeln.

Führungsleitlinien – ein verlässliches Credo schaffen

So wichtig wie das Leitbild eines Unternehmens ist auch das Festlegen eines Führungscredos. Hier geht es zum einen um die Werte, die das Unternehmen vertritt. Zum anderen beschreibt es das Führungsverhalten, das für die Mitarbeitenden spürbar ist.

Ein Führungscredo vereint die Idee von guter Führung und der Absicht des Führens mit dem daraus resultierenden Führungsverhalten. Damit wird eine »Marschroute« festgelegt, die Führungskräften und Mitarbeitenden als Orientierung dient. Letztlich müssen sich alle daran messen lassen. Im Führungscredo sollte zum Beispiel manifestiert sein, wie miteinander kommuniziert und interagiert wird, welche Vorstellungen das Unternehmen von guter Zusammenarbeit und Zusammenhalt hat, wie mit Fehlern und Konflikten umgegangen wird und an Innovationen und Weiterentwicklung mitgearbeitet werden kann.

Natürlich sind auch Führungskräfte Individuen und haben einen ganz persönlichen Führungsstil. Dennoch sollte es eine »gemeinsame Klammer« geben. Die Mitarbeitenden müssen sich zu jeder Zeit darauf verlassen können, dass nicht in unterschiedlichem Maße geführt, entschieden und gearbeitet wird. Mitarbeitende verlassen in den seltensten Fällen das Unternehmen, sondern meistens ihre Führungskraft. In jedem Unternehmen sollte daher eine einheitliche Führungsphilosophie erarbeitet und etabliert werden, an der sich Führungskräfte und Mitarbeitende orientieren können. Das klingt erst einmal sehr einfach, ist aber ein Prozess, bei dem es mit einem einfachen Meeting und Lippenbekenntnis nicht getan ist. Meistens braucht es mehrere Anläufe, bestenfalls professionelle Unterstützung, um ein Ergebnis zu erzielen, das klar formuliert und mit Leben »befüllbar« ist.

Sollten Sie einen solchen Prozess in Ihrem Unternehmen anregen wollen, beachten Sie die folgenden Phasen, Fragestellungen und To-dos.

1. Phase:
Im Idealfall haben Sie bereits ein Unternehmensleitbild formuliert und etabliert. Dieses ist allen Führungsverantwortlichen bekannt und in der Kommunikation mit den Mitarbeitenden erkennbar. All das macht es wesentlich leichter, ein Führungscredo zu entwickeln, denn Sie wollen ja, dass Ihre gemeinsame Mission erfolgreich ist. Ist bereits ein Unternehmensleitbild vorhanden, sollten Sie sich dieses noch einmal genau anschauen und als Fundament für die Führungsleitlinien heranziehen.

2. Phase:
Je nach Anzahl der Führungskräfte in einem Unternehmen trifft sich nun ein »Querschnitt« oder eventuell auch der gesamte Führungsstab zu einem Kreativ-Workshop, in dem zunächst in einem Brainstorming das Selbstverständnis von Führung sowie wünschenswerte Verhaltensweisen gesammelt und aufgeschrieben werden.

3. Phase:
Die Ergebnisse aus dem Kreativ-Workshop werden sortiert, geclustert, einem »Feintuning« unterzogen und in beschreibende Sätze gebracht.

4. Phase:
Nach einigen Tagen und der nötigen Distanz sollten Sie sich das Credo noch einmal gemeinsam anschauen. Formulierungen können möglicherweise noch einmal geschärft werden. Danach sollten Sie das Credo möglichst einstimmig verabschieden. Holen Sie sich anschließend von allen oder einem ausgewählten Kreis von Mitarbeitenden Feedback dazu ein. Wiederholen Sie Phase 4, sollte das Feedback nicht ausschließlich positiv ausgefallen sein.

Auch wenn das Führungscredo einmal formuliert und verabschiedet ist, ist der Prozess damit nicht beendet. Die Leitlinien müssen gelebt, regelmäßig überprüft und evaluiert werden. So machen Sie sie sichtbar und messbar für Ihr Unternehmen. Wenn Ihr Führungscredo nur als Poster an der Wand hängt und keinerlei Beachtung findet, verlieren Sie an Glaubwürdigkeit,

Schauen Sie nun auf Ihr Unternehmen und machen Sie eine kurze Bestandsaufnahme.

Gedankenfutter

- Haben Sie ein gemeinsames Verständnis zum Thema Mitarbeiter*innenführung?
- Gibt es Leitlinien, Vorgehensweisen, Dos and Don'ts, die allen Führungskräften und Mitarbeitenden bekannt sind?
- Wen müssen Sie mit ins Boot holen, um ein Führungscredo zu entwickeln?
- Sollte es niemanden geben, den Sie in den Prozess einbeziehen können, erarbeiten Sie Ihr persönliches Credo und besprechen Sie es mit Ihrem Team.
- Was ist Ihnen im Hinblick auf Ihr Führungsverhalten besonders wichtig?
- Wie lassen Sie Ihre Qualität als Führungskraft »messen« (z. B. durch Umfragen, 360°-Feedbacks, im Mitarbeitenden-Gespräch etc.)?

Bürokratie – nur was sein muss, muss sein

Ob Urlaubs- oder Budgetanträge, Reisekostenabrechnung, Arbeitszeitkonten oder Anträge auf Büroequipment – viele Unternehmen ersticken in bürokratischen Vorgehensweisen und administrativer Komplexität. Vieles ist reguliert und einem ganz klaren Prozess unterworfen. Das entspricht oft einer Notwendigkeit, denn ganz ohne Bürokratie und administrative Prozesse geht es in Unternehmen nicht. Bürokratie macht unsere komplexe (Arbeits-)Welt oftmals einfacher, minimiert das Konfliktpotenzial und schafft Gleichberechtigung durch klare, allgemeingültige Regelungen. Gleichzeitig ermöglicht sie Unternehmenslenkern zusätzliche Übersicht und Kontrolle und fördert ein Gefühl der Sicherheit – denn alles läuft nach einem vorgegebenen Plan. Dennoch verlangsamt Bürokratie Unternehmen auch. Sie kann frustrieren, Innovationen ausbremsen, Produktivität hemmen. Um nur ein Beispiel zu nennen: Ein Vertriebsmitarbeiter, der 30 Prozent seiner Arbeitszeit mit dem Verfassen von Kundenbesuchs-Protokollen beschäftigt ist, hat zu wenig Zeit, sich den Bedürfnissen des Kunden zu widmen. Nimmt der administrative Aufwand rund um eine Tätigkeit mehr Zeit in Anspruch als die eigentliche Aufgabe, ist das frustrierend und wird sich mittel- bis langfristig negativ auf das Betriebsklima auswirken.

Einige Führungskräfte und Mitarbeitende, die wir für dieses Buch interviewten, füllten auch unser Klima-Barometer aus. Dabei kam heraus, dass übermäßige Bürokratie in den meisten Unternehmen negativen Einfluss auf das Betriebsklima nimmt. Sicher ist unsere Umfrage nicht hundertprozentig repräsentativ, veranlasst uns aber dazu, Sie an dieser Stelle zu motivieren, Ihre administrativen Prozesse einer Inventur zu unterziehen. Je notwendiger bürokratische und administrative Abläufe bei bestimmten Tätigkeiten sind, desto wichtiger ist es, die Mitarbeitenden in den Optimierungsprozess einzubinden. Leben Sie Empowerment. Bestärken Sie die Mitarbeitenden, Prozesse nicht nur zu hinterfragen oder zu kritisieren, sondern sie proaktiv zu gestalten. Lassen Sie sie Alternativen zu unnötigen Feedback- und Freigabeschleifen, SOPs (Standard Operating Procedures), Protokollen oder Endlosformularen entwickeln.

Mittlerweile gibt es zahlreiche digitale Hilfsmittel wie Apps und Softwareprogramme, die bürokratische Prozesse verschlanken und vereinfachen. Es empfiehlt sich, eine »Task Force« ins Leben zu rufen, die sich ausschließlich dieses Themas annimmt und die für Ihr Unternehmen passende Strategie erarbeitet. Vielleicht finden Sie in unserer Rubrik #Gedankenfutter einige Impulse.

Gedankenfutter

- Gibt es in Ihrem Unternehmen viele bürokratische Prozesse?
- Sind diese komplex oder einfach?
- Welche Prozesse sind wirklich notwendig?
- Entsprechen sie dem Zeitgeist?
- Sind die Prozesse verständlich, nachvollziehbar und allen Mitarbeitenden bekannt?
- Sind die administrativen Prozesse niedergeschrieben und nachzulesen?
- Fordern Sie regelmäßig dazu auf, Prozesse zu evaluieren? Wenn ja, stellen Sie Zeit und Ressourcen zur Verfügung, diese bei Bedarf zu adaptieren?

Informationstechnologie – alle dort abholen, wo sie stehen

Hand aufs Herz: Wie oft sind Sie genervt, weil Windows sich in genau dem Moment updatet, wenn Sie am Morgen motiviert mit der Arbeit beginnen wollen? Wie oft hat sich Ihr Computer »aufgehängt«, während Sie ein neues Dokument öffnen oder – noch schlimmer – speichern wollten? Und sicherlich haben Sie auch schon erlebt, dass die Internetverbindung genau dann streikt, wenn Ihr Online-Meeting starten soll. Oder die Übertragung von Bild und Ton aus unerfindlichen Gründen nicht funktioniert, obwohl Sie schon die höchste Bandbreite gebucht haben. Gestern lief doch alles noch! Also kommen Sie nicht drum herum, sich über kurz oder lang um einen neuen Systemprovider oder eine andere Telefongesellschaft zu kümmern. Vielleicht sind Sie auch frustriert darüber, dass Sie es noch immer nicht geschafft haben, Ihr Vorhaben vom papierlosen Büro umzusetzen, und noch immer an der guten alten und lieb gewonnenen »Aktenordner-Dokumentation« festhalten. Wir ärgern uns über die Flut an Flyern, Zeitungen und Werbung, die täglich ins Haus flattern. Und gleichzeitig schätzen wir es, ein Buch in der Hand zu halten, darin zu blättern, mit dem Geruch frisch gedruckter Seiten in der Nase. Für uns Autorinnen ist die IT zu einer bittersüßen Liebe geworden. Denn bei all dem Ärger um die technischen Tücken der Informationstechnologie vergessen wir häufig, wie existenziell sie in der heutigen Arbeitswelt für viele von uns ist. Verbinden wir diese unveränderliche Wahrheit mit dem Thema Betriebsklima, werden Sie schnell feststellen, dass die IT einen enormen Einfluss auf die Zusammenarbeit, aber auch auf das Wohlbefinden jedes/jeder Einzelnen nimmt. Sie erspart und vereinfacht bestimmte Arbeitsschritte und steigert somit die Produktivität. In vielen Branchen macht sie bestimmte Jobs obsolet, schafft an anderer Stelle, insbesondere in hoch qualifizierten technologischen Bereichen, wieder neue Positionen. Sie bindet Ressourcen und spart langfristig Kosten ein. Kurz: Die IT ist Fluch und Segen zugleich.

Lust oder Frust? Der Einfluss der IT auf das Zwischenmenschliche

Was macht eine zunehmende Technologisierung unserer Informationsprozesse mit den Menschen und dem Klima im Betrieb? Bei dieser Fragestellung müssen wir die Affinität der verschiedenen Generationen im Umgang mit der IT berücksichtigen. Viele Angehörige der Generationen Babyboomer (1956 bis 1965) und Golf (1966 bis 1980) sind digitale »Spät-Autodidakten«. Sie haben sich mühsam vom Lochstreifen-Datenspeicher über die ersten Personal Computer (PC) bis hin zum heutigen Tablet durchgeboxt. Häufig fragen sie ihre Kinder oder jüngere Kollegen: »Kannst du mir das mal zeigen?«, »Wie geht denn das?« oder »Wo finde ich noch mal …?«. Natürlich haben auch die jüngeren Generationen ihren Umgang mit den neuen Medien gelernt – allerdings von Kindesbeinen an. Daher ist es nicht verwunderlich, dass die Zusammenarbeit unterschiedlicher Generationen viel Konfliktpotenzial mit sich bringt. Die älteren Mitarbeitenden wollen ihre Fehlbarkeiten in diesem Bereich nicht zur Schau stellen, die jüngeren fühlen sich aufgehalten und können den nicht-intuitiven Umgang mit der Technik nicht nachvollziehen. Das erzeugt auf beiden Seiten Frust und Unzufriedenheit, was sich im Betriebsklima niederschlägt. Insgesamt fühlt sich jeder zweite Arbeitnehmer bei der digitalen Weiterbildung nicht unterstützt. Ein erschreckendes Ergebnis, wenn wir bedenken, dass Digitalität unsere Gegenwart und Zukunft ist. An dieser Stelle sollte erwähnt werden, dass es in jeder Generation Gegner*innen und Befürworter*innen gibt: Die einen lassen sich mit großer Begeisterung auf Neuerungen ein und freuen sich darüber, dass alles nun noch besser, schneller und effizienter läuft. Die anderen hören nur »Da kommt etwas Neues« und tauchen direkt ab bzw. stellen sich quer: »Soll doch alles länger dauern, ist mir doch egal.« Viele Unternehmen freuen sich über die Idealisten und maßregeln nicht selten die Destruktiven. Damit das Betriebsklima nicht leidet, ist es wichtig für Unternehmen, sich Widerständen zu stellen und mithilfe gezielter Interventionen zum Kern der Ablehnung zu gelangen. Denn nicht selten sind Angst oder Überforderung Gründe für destruktives Verhalten. Die Unternehmen sollten das Thema also ernst nehmen, genügend Schulungen, Zeit und Unterstützung bei der Einarbeitung in neue Technologien oder Programme anbieten. Natürlich bleibt auch trotz umfangreicher Weiterbildung immer ein gewisses »Restrisiko«, denn Technologie entwickelt sich rasend schnell. Plötzlich ist der Button nicht mehr blau oder an einer anderen Stelle. Oder das nun endlich vertraut gewordene Programm erfährt ein Update und erfordert erneutes Umdenken. Da ist der Frust im wahrsten Sinne des Wortes programmiert. Durch gezielte Schulungen gewinnen diese Mitarbeitenden die nötige Sicherheit, um entspannt mit neuen Technologien umzugehen. Neben regelmäßigen Weiterbildungen kann auch das Einführen von Mentoren-Programmen hilfreich sein. Vertreter unterschiedlicher Generationen oder Wissensbackgrounds unterstützen sich gegenseitig und profitieren von der Expertise des anderen – technisch, inhaltlich und fachlich. Ein echtes Win-win.

Mit einer neuen und modernen IT am Puls der Zeit

Fraglich bleibt, was die weiterwachsende Digitalisierung und das mobile Arbeiten mit der Zusammenarbeit und dem Zusammenhalt von Teams zukünftig noch machen wird. Hier bedarf es einer noch größeren Aufmerksamkeit der Unternehmenslenker. Das Thema Informationstechnologie gehört auf der Agenda nach ganz oben. Denn sonst schleichen sich Fehler ein, Frustration und Unzufriedenheit wachsen. Ein permanentes Gewitter liegt in der Luft. Sorgen Sie also dafür, dass die Mitarbeitenden technisch in der Lage sind, einen guten Job zu machen. Um wettbewerbsfähig zu bleiben, brauchen moderne Unternehmen nicht nur eine gute Infrastruktur, sondern auch top ausgestattete Arbeitsplätze mit leistungsfähigen Laptops oder Computern. Es reicht heute nicht mehr aus, die Microsoft-Office-Standardprogramme bedienen zu können. Bild und Ton in der digitalen Welt haben das tägliche Miteinander stark geprägt. Es gibt Kollegen, die sich seit Monaten nicht mehr »analog« getroffen haben. Die digitale Kommunikation findet parallel auf verschiedenen Kanälen statt, was dazu führt, dass einige Menschen reizüberflutet und überfordert sind. Längst empfindet unser Auge Bildübertragungen, die nicht in HD ausgestrahlt werden, als Beleidigung. Zeitgemäße Telefonie, cloudbasierte Serverlösungen, VPN-Verbindungen und intuitive Datenverarbeitungsprogramme sind heute unverzichtbare Arbeitsmittel. Und dennoch nutzen wir immer noch nur einen Bruchteil der zur Verfügung stehenden Möglichkeiten der modernen IT.

Die IT-To-dos für Unternehmen

Firmen, die eine gute Balance zwischen analoger und digitaler Kommunikation herstellen und die IT als notwendiges, unterstützendes Hilfsmittel bei ihren Mitarbeitenden positionieren, werden auch ein gutes Betriebsklima schaffen. Der respektvolle Umgang mit jenen, die beim technologischen Fortschritt den Anschluss verpassen könnten, ist dabei immens wichtig. Viele Arbeitsplätze haben sich durch die Einführung komplexer Technologien teilweise von heute auf morgen komplett geändert oder sind sogar ganz weggefallen. Das hat einiges mit den dort arbeitenden Menschen und mit dem Klima im Betrieb gemacht. Unternehmen müssen ihre Mitarbeitenden daher gut auf die Einführung neuer Technologien vorbereiten und sie wohlüberlegt und menschenorientiert durch den Change-Prozess begleiten. Dabei sollte der Fokus darauf liegen, dass Mensch und Technologie zusammenpassen. Die Anwender müssen das Gefühl haben, ihre Arbeit mithilfe der Technologie effizienter erledigen zu können. Darüber hinaus sollte die IT für jedermann verständlich sein. IT-Experten sprechen diverse Programmiersprachen fließend, der Otto Normalverbraucher versteht aber oft nur Bahnhof. Hilfreich kann hier sein, technikaffine Anwender schon frühzeitig in die IT-Veränderungsprozesse einzubinden, um sie später als Multiplikator*innen und »Dolmetscher*innen« einsetzen zu können.

Der professionelle Umgang und das gezielte Abholen derer, die sich mit der Technik schwertun, sorgt für mehr Offenheit, besseres Verständnis und eine andere, aufgeschlossenere Perspektive. Vielleicht entstehen dadurch mehr Lust und Freude an der neuen Technologie – denn mit Lust und Freude lernen schließlich alle Generationen leichter.

Gedankenfutter

- Wie gut ist die IT in Ihrem Unternehmen?
- Ist Ihr Unternehmen digital auf dem neusten Stand?
- Was haben Sie unternommen, um Ihren Mitarbeitenden die Scheu vor neuen Technologien zu nehmen?
- Können Sie sich ein Mentorenprogramm in Ihrem Unternehmen vorstellen, das Digital Natives und Digital Immigrants näher zusammenbringt?
- Welche IT-Schulungen fehlen in Ihrem Weiterbildungsangebot?
- Wie gut und verständlich werden bei Ihnen neue Systeme und Programme eingeführt?

Die räumliche Klimazone

Hinter der räumlichen Klimazone verbirgt sich im wahrsten Sinne des Wortes all jenes, was unseren tatsächlichen Arbeitsraum ausmacht. Von wo wird gearbeitet? Im Einzel-, Großraum- oder gar heimischen Büro? Welche Ausstattung finden wir dort vor? Wie modern, bunt, trist oder renovierungsbedürftig ist der Firmensitz? Haben die Angestellten das Equipment, das sie zum Arbeiten benötigen? Vielleicht denken Sie nun: »Was kann ich denn gegen triste Wände und alte Schreibtische tun?« Diese Frage können wir Ihnen pauschal auch nicht beantworten. Was wir jedoch tun können, ist, Ihren Blick für den Einfluss aller räumlichen Faktoren auf das Betriebsklima zu schärfen und nach Möglichkeiten zu suchen, positiv auf diese einzuwirken.

Arbeitsort – Umdenken erwünscht

Das Thema Arbeitsplatz ist so alt, wie der Mensch gegen Lohn für andere arbeitet. Im Laufe der Zeit wechselte der Arbeitsplatz seine Facetten und seine Bedeutung. Erinnern Sie sich an unseren Ausflug in die Geschichte der (Büro-)Arbeit. Wir alle können uns vorstellen, wie prunkvoll das Büro eines echten Patriarchen ausgesehen haben muss. Und auch heute finden wir noch einige luxuriös ausgestattete Büros in den Chefetagen, die großzügiger sind als so manch eine Großstadtwohnung. Doch es gibt auch immer mehr, vor allem junge, Unternehmen, in denen der Chef oder die Chefin gemeinsam mit den Mitarbeitenden an einer Arbeitsinsel sitzt. Das fördert flache Hierarchien, Transparenz und einen schnellen Informationsaustausch. Auch das Thema »Gesundheit am Arbeitsplatz« nimmt heute immer mehr Raum ein. Der ergonomisch passende Arbeitsplatz hält mittlerweile bis ins Homeoffice Einzug. Ganze Branchen haben sich der perfekten Ausstattung verschrieben. Therapeuten der unterschiedlichsten Ausrichtung geben hierzu mehr als nur Empfehlungen.

Der Arbeitsplatz sollte also nicht nur ein Ort der Arbeit, sondern auch des Wohlfühlens sein – schließlich verbringen wir den Großteil unseres Tages dort. Aber was, wenn sich plötzlich die Rahmenbedingungen ändern, weil etwas Unvorhergesehenes passiert? Wenn unser Arbeitsplatz von jetzt auf gleich nicht mehr so ist, wie wir ihn gewohnt sind? Wir alle haben es im Frühjahr 2020 erlebt.

Tschö, du schöne, grüne Villa!

März 2020. Das junge Jahr war verheißungsvoll: unsere Kalender gut gefüllt, Workshops und Coachings bis in die zweite Jahreshälfte hinein so gut wie ausgebucht. Doch dann kam der Lockdown – und alles wurde auf null gesetzt. Wir geben zu: Einen Moment waren wir wie erstarrt. Doch schnell wurde uns klar, dass uns diese Entwicklung nicht nur kurzfristig beschäftigen wird, sondern dass wir schnell langfristige Veränderungen anstoßen mussten. Von heute auf morgen zog unser 11-köpfiges Team aus der »Grünen Villa« – unserem Büro – ins Homeoffice um. Dass alle Mitarbeitenden fast nahtlos weiterarbeiten konnten, ist wohl dem Umstand zu verdanken, dass wir schon vor der Pandemie mit genügend Laptops der jüngeren Generation ausgestattet waren, auf eine onlinebasierte Telefonanlage umgestellt und einen Cloud-Server eingerichtet hatten. Glücklicherweise – denn auch uns ist leider erst nach einigen Wochen in den Sinn gekommen, bei den Mitarbeitenden nachzufragen, ob sie zu Hause über die Notwendigkeiten eines guten Arbeitsplatzes verfügen.

Was uns aber vor eine wirkliche Herausforderung stellte, war die Frage, wie wir von nun an unser Kerngeschäft bespielen sollten: das Arbeiten mit Menschen in Workshops, Coachings, Aus- und Weiterbildungen. Unsere Arbeit besteht vor allem darin, Mitarbeitende und Führungskräfte an einem Ort zu versammeln, ins Gespräch zu bringen und sie als Team und Organisation erfolgreicher, zufriedener und effizienter zu machen. Die ersten sechs Wochen waren wir damit beschäftigt, möglichst viele unserer Angebote in der Aus- und Weiterbildung für Trainer, Coaches und Berater digital abzubilden. Es dauerte drei Monate, bis wir auch unsere Businesskunden davon überzeugen konnten, dass Trainings und Workshops auch virtuell erfolgreich und zielführend sind. Und so konnten wir unsere Mitarbeitenden, die wir zwischenzeitlich in die Kurzarbeit schicken mussten, wieder voll beschäftigen. Bis heute haben wir überlebt und sind sogar noch erfolgreicher als vor der Pandemie. Dank eines hervorragenden Teams und, erlauben Sie uns, das an dieser Stelle auszusprechen, aufgrund eines sehr guten Betriebsklimas durch motiv- und typgerechte Führung. Corona hat uns gezeigt, dass Homeoffice funktionieren kann – wenn die Infrastruktur stimmt und Unternehmen und Mitarbeitende an einem Strang ziehen.

Das Thema Homeoffice hat die Gemüter in vielen Unternehmen schon vor der Corona-Pandemie erhitzt. Nur war es da noch kein Thema von öffentlichem Interesse. Wer »darf« wie oft im Homeoffice arbeiten? Was ist mit den Mitarbeitenden, die ihre Arbeit nicht von zu Hause aus erledigen können? Wer arbeitet wo effizienter und effektiver? Und was macht das Homeoffice eigentlich zwischenmenschlich mit uns und unserem Betriebsklima? Die einen beneiden diejenigen, die morgens nicht zur Arbeit eilen müssen und schön gemütlich – wahlweise in der Jogginghose – am heimischen Schreibtisch sitzen bleiben dürfen. Und dann gibt es aber auch die »Zuhausegebliebenen«, die lieber morgens zur Arbeit fahren würden, als sich in Online-Meetings mit den Kollegen zu »treffen«. Das Einzige, was ziemlich sicher ist: Beim Thema Homeoffice ist auch in Zukunft nichts sicher. Die hämische Aussage »Augen auf bei der Berufswahl« hilft hier definitiv nicht weiter.

Wo und wie aufgerüstet werden muss

Bis heute scheitert es an der Einsicht vieler Unternehmenslenker, sich diesem Thema zu widmen, die Vor- und Nachteile abzuwägen, Mitarbeitende dazu zu befragen usw. Es gab auch bisher keinen Grund, sich näher damit zu beschäftigen, standen doch alle administrativen Arbeitsplätze an den Standorten des Unternehmens zur Verfügung. So ist alles besser zu koordinieren und unter Kontrolle – lautete der Glaubenssatz vieler Entscheider in Unternehmen. Hürden und Restriktionen für eine Veränderung des Arbeitsplatz-Standortes spielten ihnen in die Karten.

Eine stichprobenartige Umfrage unter unseren Kunden hat gezeigt, dass sich beispielsweise weniger als die Hälfte der Arbeitgeber mit der Situation »Homeoffice« auseinandergesetzt hat. Bei ihren Mitarbeitenden wurde nicht erfragt, ob die nötige Infrastruktur, Büroausstattung, Hard- und Software für das Heimarbeiten vorhanden ist. Es gab keine verlässlichen Betriebsvereinbarungen, stabile Serverlösungen und Internetverbindungen, von der so wichtigen ergonomischen Arbeitsplatzausstattung ganz zu schweigen.

Durch die Pandemie wurden all diese Barrieren von heute auf morgen über den Haufen geworfen. Es spielte plötzlich keine Rolle mehr, ob die Mitarbeitenden ihre wertvolle Arbeit von der heimischen Küche, dem Esstisch oder Schlafzimmer aus erledigten. Es wurde angeordnet bzw. aufgrund der Pandemie erwartet. Und siehe da: Es funktioniert! Die Pandemie hat deutlich gemacht, dass die meisten administrativen Tätigkeiten auch aus dem Homeoffice zu erledigen sind. Dennoch gibt es immer noch viel »Aufrüstungsbedarf«. Damit das Betriebsklima nicht unter den neuen Arbeitsbedingungen leidet, müssen Unternehmen mit jedem Mitarbeitenden in Kontakt treten und den Bedarf individuell erfragen.

In den kommenden Jahren werden sicherlich weitere Arbeitsplatzformen und -varianten entstehen. Damit diese Veränderungen einen positiven Einfluss auf das Betriebsklima nehmen können, ist es wichtig, die Perspektive zu wechseln, offen zu sein für neue Arbeitsplatzmodelle und vor allem: die Mitarbeitenden in die Gestaltung miteinzubeziehen. Unsere neue Arbeitswelt verlangt danach, Arbeitsplätze zu schaffen, die dieser neuen Zeit entsprechen, mit alten Verkrustungen, Bürokratien und nicht mehr zeitgemäßen Arbeitsweisen zu brechen. Unternehmen müssen heute noch mobiler, noch flexibler, noch ortsunabhängiger werden. Wo können Sie in Ihrem Unternehmen beginnen? Das nachstehende Gedankenfutter soll Sie motivieren, differenzierter auf dieses Thema zu schauen:

Gedankenfutter

- Wie stellen Sie sicher, dass jeder weiß, wo er seine Kolleg*innen erreichen kann?
- Wann haben Sie das letzte Mal mit offenen Augen den Arbeitsplatz Ihrer Mitarbeitenden betrachtet und hinterfragt?
- Haben Sie Ihre Mitarbeitenden schon einmal explizit gefragt, von wo aus sie am besten arbeiten können?
- Sind Sie bereit, individuelle Lösungen zu finden?
- Stehen den Mitarbeitenden alle Notwendigkeiten zur Verfügung (Internet, Schreibtisch, Stuhl, PC/Laptop, Monitor, externe Tastatur etc.), um regelmäßig im Homeoffice zu arbeiten?
- Wie stellen Sie sicher, dass die Arbeitsplatzgestaltung fair geregelt ist?
- Hinterfragen Sie Ihr Mindset im Hinblick auf das Homeoffice?

Arbeitsplatz – Wohlfühlatmosphäre für gute Gedanken

Wenn wir in das bislang gelebte Arbeitsleben zurückblicken, stolpern wir immer wieder über den Zwist zwischen Einzel- und Großraumbüro. An diesem Thema scheiden sich die Geister. Der eher introvertierte Mitarbeitende bevorzugt ein Einzelbüro, sodass er sich ohne Ablenkung auf seine Aufgaben konzentrieren kann. Der extravertierte Typ mag das Arbeiten im Großraumbüro, braucht viel Kontakt zu anderen, wird aber wahrscheinlich häufiger abgelenkt und arbeitet dadurch vermeintlich weniger produktiv. Die Arbeitsplatzgestaltung sollte allerdings mehr umfassen als nur die Entscheidung zwischen Großraum- oder Einzelbüro. Moderne Unternehmen haben daher schon vor geraumer Zeit begonnen, unterschiedliche Arbeitsplatzangebote zu schaffen – weg vom klassischen Schreibtisch hin zu Sofaecken, Besprechungsinseln, Kreativräumen, Rückzugsorten, Entspannungsplätzen und vielem mehr. Kein (Wissens-)Arbeiter hat heute mehr acht Stunden lang die gleichen Aufgaben und Anforderungen an seinem Arbeitsplatz. Um der Komplexität des Arbeitsalltags gerecht zu werden, brauchen wir daher Büros, die den Wechsel zwischen Stillarbeit, Austausch, Konzentrationsphase, Gruppenarbeit und allen anderen Formen der Arbeit erleichtern und eine angenehme Arbeitsatmosphäre schaffen. Denn wer sich wohlfühlt, kann produktiver und innovativer arbeiten. Und das hat letztlich positiven Einfluss auf das Betriebsklima.

Der Mensch ist ein soziales Wesen. Das mag keine neue Erkenntnis sein, und dennoch wird das im Arbeitsalltag häufig vergessen. Kollegen werden schief angeschaut, wenn sie sich länger als nötig mit einer mittlerweile leeren Tasse in der Hand in der Kaffeeecke aufhalten. Dabei sind diese informellen Begegnungen bedeutsam für das bessere Kennenlernen, den kurzen Austausch zu einem laufenden Projekt oder auch nur als Erinnerung, dass man dem Kollegen noch eine wichtige Info geben muss. Wie viele weitreichende Ideen sind wohl bei einem Plausch in der Teeküche entstanden? Ob Pausen- oder Umkleideräume, Außenbereiche, Flure, Raucherräume, Kantinen oder Bibliotheken – soziale Räume, in denen sich Menschen, auch einmal privat, austauschen können, sind für das Betriebsklima essenziell.

Jedem Raum seinen Rahmen

Je nach Anlass der Begegnung sollte der jeweilige Raum einen passenden Rahmen schaffen: In der **Kaffeeküche** beispielsweise wird »gemenschelt«. Räume wie dieser geben dem Unternehmen eine Seele, schaffen Luft zum Atmen. Sie dienen nicht der reinen produktiven Arbeit oder dem Erledigen von Aufgaben, sondern befriedigen die sozialen Bedürfnisse. Hier geht es ums Lachen, um Freude und Leichtigkeit.

Der **Meeting-Raum** sollte mehr als nur einen Tisch, ein paar Stühle und einen Flipchart mit einer Handvoll schlecht schreibender Stifte bieten. Er sollte zum Verweilen und Wohlfühlen anregen, die Kreativität fördern und Platz zum Atmen lassen, vor allen Dingen das gemeinsame Arbeiten fördern, die Kreativität anregen und den Informationsaustausch erleichtern. Flipcharts, Whiteboards und Pinnwände gehören heute zur Standardausrüstung. Doch es gibt darüber hinaus weitere inspirierende Materialien, die den Kreativprozess fördern können. Im Meeting-Raum unseres Instituts liegen beispielsweise Jonglierbälle in der Schublade.

Wir sind uns sicher: Könnten Unternehmen ihr Firmengebäude neu errichten, würden Räume und Raumverteilung wesentlich moderner und multifunktionaler ausfallen. Eine ungünstige Ausgangssituation soll Sie jedoch nicht daran hindern, den »Look and Feel« der bestehenden Räumlichkeiten mit den Mitteln, die Ihnen zur Verfügung stehen, zu optimieren. Ob eine neue Wandfarbe, Stühle, die keinen Bandscheibenvorfall fördern, eine angenehme indirekte Beleuchtung, Pflanzeninseln oder ein neuer Fußbodenbelag, auf dem das Stühlerücken nicht wie ein schlechtes Heavy-Metall-Konzert klingt – schon Kleinigkeiten können einen großen Effekt haben. Es gibt eine Vielzahl an Ideen rund um die Gestaltung von Besprechungsräumen. Suchen Sie nach Best-Practice-Beispielen. Vielleicht gibt es auch Menschen in Ihrem Unternehmen mit einem Händchen für Inneneinrichtung? Und falls nicht, dann finden sich genügend externe Profis, die das für Sie übernehmen können.

Da, wo Menschen sich wohlfühlen, sind sie gerne. Und da, wo sie gerne sind, können sie auch mehr leisten und produktiver arbeiten. Sie haben bessere Laune, sind weniger genervt und seltener krank. Räume formen Gedanken. Und positive Gedanken fördern das Betriebsklima.

Gedankenfutter

- Gehen Sie nicht nur mit offenen Augen, sondern mit einem »Scanner-Blick« durch Ihre Begegnungs- und Meeting-Räume, um Mängel zu beseitigen und Verbesserungen anzugehen.
- Stellen Sie ein Team zusammen, das sich diesem Thema annimmt und/ oder Sie berät.
- Geben Sie ein Budget frei, das ausschließlich für die Gestaltung der Räume verwendet werden darf.

Virtueller Raum – Digitalität gestalten

Mit dem ersten Lockdown während der Pandemie mussten Arbeitnehmende innerhalb weniger Wochen lernen, sich digital zurechtzufinden. Der Grat zwischen der digitalen und analogen Arbeitswelt ist noch schmaler geworden. Sie bilden Synergien, überschneiden und ergänzen sich. Es gilt, beide Welten bestmöglich zu gestalten und die Vor- und Nachteile sinnvoll zu nutzen, ohne einen Raum zu vernachlässigen. Auch das Klima braucht Sonne und Regen, damit die Natur gedeihen kann. Das innerbetriebliche Thermometer muss daher die Temperatur der digitalen *und* analogen Wetterlage anzeigen. Dieser Balanceakt ist eine Herausforderung für Führungskräfte und macht ihre Rolle nicht leichter. Wer sich dieser virtuellen Welt gegenüber nicht öffnet, wird auch in der analogen Welt zum Dinosaurier. Das klingt brutal, entspricht aber in vielen Branchen der Realität. Insbesondere viele Mitarbeitende der Generation Babyboomer und X begaben sich zu Beginn des ersten Corona-Lockdowns – mal mehr und mal weniger freiwillig – auf die Reise vom digitalen Phobiker hin zum virtuellen Praktiker. Das bedeutete nicht, von heute auf morgen ein digitales »Groupie« werden zu müssen, erforderte aber das Zugeständnis, sich auf die neuen Gegebenheiten einzulassen. Wir haben zum Beispiel von Teilnehmenden zu Beginn unserer Online-Workshops häufig gehört, wie schade es ist, dass wir uns nicht persönlich treffen. Andere waren skeptisch, ob ein Online-Format überhaupt sinnhaft ist. Am Ende der Veranstaltungen haben wir dann aber doch immer gutes Feedback erhalten. Ein Indikator dafür, dass die positiven Aspekte des Online-Treffens durchaus wahrgenommen und geschätzt werden.

In virtuellen Räumen ist arbeitstechnisch (fast) alles möglich – vorausgesetzt, Sie und Ihre Mitarbeitenden öffnen sich dem Thema und überwinden mögliche innere Barrieren. Mithilfe moderner Tools und Methoden können Online-Begegnungen attraktiv gestaltet werden. Ob Zoom, WebEx, GoToMeeting oder Teams – jedes Videokonferenz-Tool hat seine Fans und Skeptiker, denn nicht jedes Programm ist für alle Anforderungen gleichermaßen geeignet. Auch die Methoden zur kreativen Gestaltung von Online-Meetings sind vielfältig. Es beginnt schon bei der Entscheidung, ob Sie ein digitales Whiteboard wie zum Beispiel Mural, Miro oder Conceptboard zum gemeinsamen Arbeiten benötigen. Oder ob Sie Mentimeter, Slido oder ahaslides als Umfrage-Tool für eine Stimmungsbildabfrage nutzen.

Wir empfehlen Ihnen daher, sich mit Kolleginnen und Kollegen auszutauschen, Ideen einzuholen und sich gegenseitig zu beraten. In Ihren Teams finden Sie sicherlich Mitarbeitende, denen es Spaß macht, Sie dabei zu unterstützen. Haben Sie sich für die passenden Tools und Methoden sowie die virtuellen Begegnungsräume entschieden, ist es absolut notwendig, alle Mitarbeitenden ins Boot zu holen. Denn jede*r Einzelne muss intensiv im Umgang mit den neuen Tools geschult werden. Lassen Sie sie damit »spielen und experimentieren«, um Ressentiments, Befürchtungen und Scham vor Fehlbarkeiten abzubauen. Planen Sie regelmäßige Stimmungsabfragen ein – ganz ungezwungen bei einem Heißgetränk zum Beispiel.

Die virtuelle Kaffeeküche

Mit ausgelöst durch die Corona-Pandemie ist der »digitale Kaffeeplausch« heute in vielen Unternehmen und Teams fester Bestandteil des Arbeitsalltags. Zur vereinbarten Zeit wählen sich Menschen von überall auf der Welt ein und treffen die Kollegen auf ein Heißgetränk in der virtuellen Kaffee- oder Teeküche. Gezielte Verabredungen zur Mittagspause funktionieren ebenfalls, auch wenn sie das »echte« Zusammensein nicht ersetzen können. Virtuelle Teamevents (von Escape-Room bis hin zu Online-»Montagsmaler«) bringen nicht nur Leichtigkeit und Spaß, sondern sorgen nebenbei auch noch für ein besseres Kennenlernen.

Probieren Sie Verschiedenes aus, anstatt dem persönlichen Treffen nachzutrauern. Egal, ob der Grund für das »physical distancing« eine weltweite Pandemie oder ein weltweit arbeitendes Team ist, es wird auch zukünftig genügend Anlässe und Möglichkeiten geben, sich persönlich zu treffen.

Wir glauben, dass die Zukunft eine Synergie aus virtuellem und persönlichem Arbeiten sein wird. Was wann am besten passt, lohnend und zielführend ist, können wir selbst bestimmen und der jeweiligen Zielsetzung anpassen. Eine Gefahr wird sicherlich die Bequemlichkeit des Menschen sein. Warum »auf Reisen gehen«, wenn doch alles auch online funktioniert? Die Notwendigkeit für persönliche Treffen und physisches, gemeinsames Arbeiten wird daher zukünftig wahrscheinlich noch genauer evaluiert werden (müssen). Zeit- und Kostenersparnis spielt hierbei sicherlich eine große Rolle. Denn in der aktiven Zeit der Lockdowns und des Abstandhaltens wurde der Arbeitswelt bewiesen, dass die meisten Themen auch ohne persönliches Treffen besprochen und entschieden werden können – häufig sogar schneller, weil fokussierter.

Damit das Betriebsklima keinen Schaden davonträgt, ist es umso wichtiger, Lösungen für die Vereinbarkeit von analogem und digitalem Raum zu finden, alle Teammitglieder mitzunehmen und gleichermaßen einzubeziehen. Da bleibt es nicht aus, auch Liebgewonnenes zu überdenken. Die virtuelle Welt wird sich weiterentwickeln und unsere Arbeitsweisen weiterhin herausfordern. Die »early adopters« werden hier die Nase vorn haben.

Eine besondere Herausforderung im Hinblick auf das Betriebsklima ist das Führen und die Zusammenarbeit global bzw. rein virtuell arbeitender Teams. Hier fehlt die analoge Komponente, das zufällige Treffen in der Kaffeeküche. Oft kennen sich solche (Projekt-)Teams nur virtuell – und arbeiten länder- und zeitzonenübergreifend miteinander. Die Mitglieder müssen dazu oft auch noch sprachliche Barrieren überwinden, Kulturunterschiede und verschiedene Werte berücksichtigen. Das stellt nicht nur für die Teams und Führungskräfte eine Herausforderung dar, sondern auch für das Betriebsklima. Doch egal welche Arbeitskonstellation für Ihr Unternehmen auch zutreffen mag: Wenn Sie mit Ihren Mitarbeitenden im Gespräch bleiben, individuelle Bedürfnisse, Bedenken und Anforderungen berücksichtigen, wird sich das positiv auf das Betriebsklima auswirken.

Gedankenfutter

- Wie virtuell kompetent ist Ihr Unternehmen?
- Wie nehmen die Mitarbeitenden virtuelle Meetings an?
- Wie gut sind sie technisch geschult, um sich in dieser neuen Welt zurechtzufinden?
- Verfügen Ihre Mitarbeitenden über das notwendige technische Equipment (moderne Rechner/Laptops, Kamera usw.)?
- Wird berücksichtigt, dass virtuelle Treffen nicht genauso ablaufen können wie ein persönliches Meeting?

Die soziale Klimazone

In der sozialen Klimazone schauen wir uns unterschiedliche Rollen und Funktionen an, die einen für sich stehenden Einfluss auf das Betriebsklima haben, also durch ihre besondere Rolle an wichtigen Klima-Hebeln sitzen. Das sind zum Beispiel Sie als Führungskraft oder aber auch der Betriebsrat. Außerdem betrachten wir Klima-Elemente, die interaktive Aspekte der Zusammenarbeit im Fokus haben. Das können Teamevents oder auch die jährlichen Leistungsdialoge zwischen Führungskraft und Mitarbeitenden sein. Unternehmenslenker*innen sollten sich intensiv mit diesen sozialen Klima-Elementen auseinandersetzen, um einer Klima-Katastrophe entgegenzuwirken. Auch hier werden Sie wieder spannende Möglichkeiten finden, Ihre Mitarbeitenden mit ins Boot zu holen. Aber zunächst beginnen wir mit dem essenziellen Klimatreiber: mit Ihnen.

Führungskräfte – weit mehr als vorgesetzte Vorgesetzte

Abgesehen von selbstorganisierten, hierarchielosen Teams ist den meisten Abteilungen irgendjemand *vorgesetzt* – im wahrsten Sinne des Wortes. Ein zugegeben sehr alter Begriff, der aber aus der Business-Welt nicht so einfach wegzudenken ist. Lassen wir zu Beginn dieses Kapitels doch gleich die Katze aus dem Sack: Auf das Betriebsklima im Allgemeinen haben die vorgesetzten Führungskräfte einen höheren Einfluss als die Mitarbeitenden. Nicht zuletzt, weil sie entscheiden, welche Aktivitäten und Maßnahmen wann, wo und wie realisiert werden, weil sie die Budgets dafür freigeben und auch die Zeit genehmigen, die das Engagement für ein gutes Betriebsklima braucht. In unserer heutigen komplexen und sich stets wandelnden Business-Welt ist die Rolle der vorgesetzten Führungskraft demnach keine einfache. Wer diese Herausforderung annimmt, sollte sich darüber im Klaren sein, welchen Einfluss die Rolle auf die Arbeitsergebnisse jedes/jeder Einzelnen, auf das Zusammenwirken aller und letztendlich auch auf den Erfolg des Unternehmens hat. In unseren Workshops mit Führungskräften der unterschiedlichsten Branchen vertreten wir vehement die These, dass gute Führung durch das Zusammenspiel der folgenden Faktoren bestimmt wird:

- das Verständnis darüber, was die Mitarbeitenden brauchen,
- den bestmöglichen Rahmen, in dem die Mitarbeitenden Höchstleistungen erbringen können und wollen,
- Transparenz in allen Konsequenzen, die aufgrund von erbrachter oder nicht erbrachter Leistung gezogen werden.

Das alles braucht vor allem eine gute Kommunikation: Die Führungskraft muss mit ihren Mitarbeitenden ins Gespräch kommen und im Gespräch bleiben.

Alles eine Frage des Mindsets

Viele Führungskräfte »rutschen« in ihre Führungsposition, weil sie Fachexperten sind und bis dato einen guten Job gemacht haben. Das bedeutet aber noch lange nicht, dass sie auch gut führen können. Vielleicht haben sie einige Schulungen besucht und Bücher zu dem Thema gelesen. Doch in der Regel reicht das nicht aus. Denn neben der Persönlichkeit sind es unter anderem die persönliche Ansprache und Wertschätzung jedes einzelnen Teammitglieds, die einen Unterschied machen. Diese »weichen Faktoren« beeinflussen das tägliche Miteinander und somit das Betriebsklima erheblich. Sie erfordern im Arbeitsalltag aber auch viel Aufmerksamkeit und Zeit. Zeit, die viele Führungskräfte glauben, nicht zu haben. Dabei sind Gesten der Anerkennung keine

Frage des richtigen Zeitmanagements, sondern eine Frage des Mindsets. Zugegeben: Ein gutes Mindset allein reicht natürlich nicht aus, ist aber schon einmal ein Anfang. Eine gute Führungskraft zu sein oder zu werden, ist ein kontinuierlicher (Lern-)Prozess – bestehend aus Selbst- und Fremdreflexion sowie der aktiven Auseinandersetzung mit führungsrelevanten Themen. Regelmäßige 360°-Feedbacks, Skip-Level-Dialoge oder Befragungen der Mitarbeitenden können ebenso bei der Weiterentwicklung unterstützen wie Bewertungen des Führungsstils als Bestandteil des jährlichen Entwicklungsdialoges mit den Teammitgliedern. Nehmen Sie sich regelmäßig Zeit dafür, an Ihren Führungsfähigkeiten zu arbeiten – sei es durch gezielte Schulungen, Coachings oder das Lesen von Büchern, Blogs, Newslettern oder Magazinen, die solche Themen behandeln. Das hilft Ihnen auch, up to date zu bleiben und neue Trends in der Unternehmenswelt schneller zu erkennen. Gleiches gilt auch für Ihre Mitarbeitenden. Räumen Sie ihnen Zeit dafür ein, sich weiterzubilden und an Klima- und Team-Themen zu arbeiten.

Dieses Buch richtet sich primär an Führungskräfte aller Unternehmen und auch an diejenigen, die beabsichtigen, Führungskraft zu werden. Aber auch Mitarbeitende können sich des Themas Betriebsklima annehmen, ihre Führungskräfte aktiv unterstützen und den Rahmen für die Zusammenarbeit konstruktiv mitgestalten. Denn bedenken Sie: Mitarbeitende verlassen in den seltensten Fällen ihr Unternehmen. Sie verlassen ihre Vorgesetzten. Fehlende Partizipation und Wertschätzung, unfaire Behandlung, aber auch mangelnde Führungskompetenz können Gründe für eine Kündigung sein. Wir schließen dieses Unterkapitel daher mit einem Appell: Wenn wir immer das tun, was wir schon immer getan haben, bekommen wir auch immer dieselben Resultate, die wir schon immer bekommen haben. Es ist nie zu spät, etwas anderes auszuprobieren.

Gedankenfutter

- Was tun Sie schon jetzt, um positiv auf das Betriebsklima einzuwirken?
- In welchem Bereich gibt es Handlungsbedarf für Sie als Führungskraft?
- Befassen Sie sich regelmäßig und aktiv mit Ihren Führungskompetenzen?
- Wie und bei wem holen Sie sich Feedback ein?
- Wie stehen Sie zu Skip-Level-Dialogen? Könnten Ihnen diese wertvolle Informationen liefern?
- Geben Sie Ihren Mitarbeitenden regelmäßig wertschätzendes Feedback?
- Glauben Sie, Ihre Mitarbeiter*innen arbeiten gerne mit Ihnen zusammen?

Betriebsrat – Verbündete im selben Boot

Auch der Betriebsrat als Vertretung und Sprachrohr der Arbeitnehmer hat einen Einfluss auf die »Witterungsverhältnisse« innerhalb einer Organisation. Seine Aufgaben, Rechte und Pflichten sind im Betriebsverfassungsgesetz (BetrVG) festgeschrieben. Eine seiner wichtigsten Aufgaben ist es, sich für die Belange und Interessen der Belegschaft einzusetzen und darauf zu achten, dass im Betrieb Regeln und Normen eingehalten werden. Er schafft Transparenz und fungiert nicht selten als Verhandlungsführer.

Vielen Unternehmen ist der Betriebsrat ein Dorn im Auge. Eine Befragung des Wirtschafts- und Sozialwissenschaftlichen Instituts (WSI) der Hans-Böckler-Stiftung zeigt, dass Arbeitgeber versuchen, jede sechste Neugründung von Betriebsräten zu behindern. Doch wer einmal genauer hinsieht, erkennt, dass betriebliche Mitbestimmung viele Vorteile mit sich bringt, schreibt die Hans-Böckler-Stiftung weiter: »Unternehmen mit Betriebsrat bieten bessere Arbeitsbedingungen, und sie sind im Mittel produktiver und oft innovativer als Firmen ohne betriebliche Mitbestimmung.«

Wie auch immer Sie zu Ihrem Betriebsrat stehen: Ist er einmal Teil Ihrer Klimazone, kommen Sie nicht drumherum, sich mit ihm auseinanderzusetzen. Holen Sie den Betriebsrat bei all Ihren Vorhaben – sei es die Durchführung einer Mitarbeitenden-Befragung, das Verändern von Arbeitszeiten oder eine Versetzung – mit ins Boot. Bereiten Sie sich gut auf das Gespräch vor, haben Sie lieber zu viele als zu wenige Details dabei und stellen Sie sich auf kritische Rückfragen und Gegenwind ein. Achten Sie auf Fettnäpfchen und sprechen Sie vor Ihren Mitarbeitenden niemals abfällig oder sarkastisch über den Betriebsrat. Das führt in der Regel zu Irritationen und Konflikten. Versuchen Sie in jeder Hinsicht, eine vertrauensvolle und wertschätzende Atmosphäre zu kreieren. Beachten Sie außerdem, dass Betriebsräte interne Macht- und Hierarchiestrukturen haben. Vielleicht sind Kollegen und Kolleginnen darunter, deren Meinungen auseinandergehen, die sich aber gegenseitig als Verbündete brauchen, weil sie beispielsweise eine spezielle Agenda haben und wiedergewählt werden wollen. Kennen Sie die politischen Strömungen, den Stil einzelner Betriebsräte und die »Wettervorhersage« für die kommenden Monate, können Sie sich entsprechend klug aufstellen, um Ihre Ziele effizienter zu erreichen.

Es lohnt sich also, hier etwas Zeit und Energie zu investieren. Denn haben Sie sich den Betriebsrat erst einmal zum Feind gemacht, kann es ungemütlich werden. Rufen Sie sich immer wieder in Erinnerung, dass Arbeitgeber- und -nehmer*innen grundsätzlich dasselbe Ziel verfolgen: Ihr Unternehmen soll fortbestehen und die Belegschaft zufrieden sein. Vielleicht kann Ihnen dies auch als Mantra dienen, wenn wieder einmal Gewitterwolken aufziehen.

⌗ Gedankenfutter

- Wie stehen Sie zu Ihrem Betriebsrat? Sehen Sie ihn als Freund und/oder Feind?
- Welche positiven und welche negativen Erfahrungen haben Sie gemacht, die Ihr Bild des Betriebsrats prägen oder verzerren?
- Was könnten Sie tun, um die Kommunikation mit den Betriebsräten zu verbessern?
- Haben Sie sich vor Ihren Mitarbeitenden schon einmal unpassend über den Betriebsrat geäußert?

Feel- and Workgood Management – Wegbereiter für Klima-Oasen

Eine Möglichkeit, positiv auf die soziale Klimazone einzuwirken, kann sein, jemanden genau dafür einzustellen: eine*n Feel- and Workgood Manager bzw. Managerin, der/die sich ausschließlich um das Wohlbefinden und die schnittstellenübergreifende Produktivität der Mitarbeitenden kümmert. In vielen Unternehmen wird diese Position oft (noch) müde belächelt, was aber vor allem daran liegt, dass dieses Berufsbild bisher wenig bekannt ist oder missverstanden wird. Der oder die Feelgood Manager*in – wir nennen sie Feel- and Workgood Manager*in – ist kein Guru oder Therapeut*in, der/die den Mitarbeitenden durch Yoga, Meditation oder Gesprächstherapie Seelenheil verspricht. Er oder sie vereint gleich mehrere Rollen und Funktionen. Er oder sie ist Vertrauensperson, Vermittler*in, Organisator*in und Koordinator*in, Konfliktklärer*in, Personaler*in, ein wenig Coach und Berater*in. Die Hauptaufgabe ist es, Rahmenbedingungen im Unternehmen zu schaffen, die die Mitarbeitenden zufrieden und produktiv machen, die die interne Kommunikation erleichtern und lose Fäden zusammenführen. Der »Feel- and Workgood«-Faktor kann nämlich ein entscheidender Vorteil im Kampf um kompetente Fachkräfte sein. Die Kosten für das Gehalt eines solchen Managers bzw. einer solchen Managerin sind aus unserer Sicht also gut investiert.

Silicon Valley in deutschen Unternehmen

Wie so viele Innovationen entstammt auch das klassische Feelgood Management den Mauern der Creativ-Big-Player von Übersee. Google, Facebook und Co. machen uns modernes Klima-Management vor. Bei Google wurde die Position »Chief Happiness Officer« schon in den 2000er Jahren geschaffen und mit dem damaligen Entwickler Chade Meng Tan besetzt. Seine offizielle Jobbezeichnung lautete damals »Jolly Good Fellow« – zu Deutsch: »Ein klasse Typ«. Bis 2015 war der gelernte Informatiker bei Google angestellt, wo er das Achtsamkeitsprogramm »Search Inside Yourself« entwickelte und umsetzte. Heute ist er Bestsellerautor und sein Programm weltweit bekannt.

Auch immer mehr deutsche Unternehmen – vor allem junge Start-ups – suchen ähnlich »klasse Typen«, die ihren Mitarbeitenden zu mehr Zufriedenheit und Wohlbefinden verhelfen. Doch was tun Feelgood Manager*innen eigentlich den ganzen Tag und welche Kompetenzen sollten sie mitbringen?

Das Fraunhofer-Institut für Arbeitswirtschaft und Organisation IAO hat ein detailliertes Jobprofil entwickelt. Demnach ist die Kernaufgabe »das Wohlbefinden der Mitarbeitenden zu stärken und effizientes Arbeiten zu ermöglichen«.[6] Dazu gehört die »Verbesserung der Kommunikation, des Arbeitsumfelds und Arbeitsflusses [sowie] die Organisation von Gemeinschaftserlebnissen«. Darüber hinaus nehmen Feelgood Manager*innen »die Rolle eines Vertrauensmanagers« ein, der oder die ein offenes Ohr für alle Mitarbeiter*innenbelange hat. Das Feelgood Management hat dabei inhaltliche Schnittstellen zu Personalmanagement, Unternehmensstrategie, Office-Management, Geschäftsführung und vielen mehr. Die Arbeit erfordert somit ein vielfältiges, interdisziplinäres Kompetenzspektrum sowie die Fähigkeit, sich flexibel und intensiv in unterschiedliche Fachgebiete einzuarbeiten.

Feel- and Workgood Management ist ein weites Feld
Feelgood Manager*innen (FGM) kümmern sich in erster Linie um die Menschen im Unternehmen. Und so unterschiedlich Menschen und ihre Bedürfnisse sind, so unterschiedlich können und müssen auch die Aufgabengebiete des Feelgood Managers bzw. der Feelgood Managerin definiert sein. Je nach Qualifikation und Erfahrungshintergrund bedient er/sie sich in seinem/ihrem Arbeitsalltag unterschiedlicher Werkzeuge: Teambuilding und Incentives, Persönlichkeitsentwicklung (inkl. dem Einsatz von Persönlichkeitsanalysen), Stress- und Zeitmanagement-Strategien, Projektmanagement für Kulturthemen etc. Aber auch die Vermittlung oder Koordination einfacher Maßnahmen aus dem Betrieblichen Gesundheitsmanagement (BGM) können zu seinen/ihren Aufgaben gehören. Doch all diese Werkzeuge und Methoden sind wirkungslos, wenn sie nicht authentisch und vertrauensvoll vermittelt werden. Feelgood Manager*innen brauchen daher vor allem Empathie und Fingerspitzengefühl, aber auch Durchsetzungsvermögen und Ausdauer. Er oder sie muss gut zuhören und sich in Mitarbeitende und Führungskräfte gleichermaßen hineinversetzen können. Nur so gewinnt er oder sie das nötige Vertrauen, um auch kritische Punkte anzusprechen und schwierige Prozesse oder Abläufe zu verbessern. Und andersherum benennen Mitarbeitende schwierige Themen nur dann, wenn sie sich ernst genommen und wertgeschätzt fühlen. Psychologische Vorkenntnisse und Erfahrungen im HR-Bereich sind daher für die Arbeit als Feelgood Manager*innen von Vorteil.

Hier ein paar Impulse, welche Bereiche Sie in Ihrem Unternehmen mithilfe eines Feel- and Workgood Managers bzw. einer Feel- and Workgood Managerin zu »Klima-Oasen« machen können:

Körperliche & mentale Gesundheit
Feelgood Manager*innen können dafür sorgen, dass Mitarbeitende ihre körperliche *und* mentale Gesundheit fördern – und damit weniger häufig krank sind. Die berühmte »Work-Life-Balance« ist hier das Zauberwort. Ein Begriff, der heute immer mehr zum Unwort mutiert. Viele kritisieren daran, er impliziere, dass es eine Grenze zwischen Work und Life gibt. Diese sei in der Realität aber häufig nicht mehr klar zu ziehen. Die Arbeit ist für viele Menschen ein erheblicher Teil des (Pri-

vat-)Lebens, und andersherum ist das »Life« auch immer ein Teil der »Work«. Wir bevorzugen den Ausdruck »Life-Balance«, denn »Work« ist immer ein Teil des »Life«. Einigen wir uns also darauf, dass sich beide Bereiche gegenseitig beeinflussen. Stimmt etwas im Job nicht, hat das Auswirkung auf das Privatleben und andersherum. Auch darauf einen stetigen Blick zu haben, ist eine Aufgabe der/des FGM. Unternehmen, die ihren Mitarbeitenden entsprechenden psychischen und physischen Ausgleich – auch während der Arbeitszeit – ermöglichen, werden feststellen, dass nicht nur die Produktivität, sondern auch die Stimmung steigt. Gesunde Snacks oder Obst, Business-Yoga, Pilates, Meditation oder andere leichte Trainingseinheiten zwischendurch – es gibt vielfältige Ernährungs-, Entspannungs- und Stress-Management-Konzepte, die nicht viel kosten, aber einen großen Wohlfühleffekt haben. Das will organisiert und gemanagt werden.

Kreativität & Innovationskraft

Die Aufgabe der/des FGM ist es, die Tür zu neuem Denken zu öffnen – und das meinen wir ganz wörtlich. Hinter verschlossenen Türen oder in beengten mausgrauen Amtsstuben ist wenig Platz für kreative und innovative Ideen. Unternehmen wie Google, Facebook oder junge Start-ups aller Fasson machen es vor: gemütliche Sofaecken, Kreativinseln, Kickertische, Trampoline, Gesellschaftsspiele, Konferenzräume ohne klassische Tische und Stühle. Klingt nach zu viel Ablenkung? Nun ja, der Erfolg solcher Unternehmen gibt ihnen recht. In diesen Räumen entstehen teilweise weltverändernde Ideen. Ein*e Feelgood Manager*in unterstützt das Unternehmen dabei, geeignete Raumkonzepte und Kreativitätsformate zu entwickeln und damit zu experimentieren. Ob Skip-Level-Gespräche, Job-Shadowing-Programme, Fuck-up-Nights, World-Cafés, Brainwalking oder crossfunktionale Themen-Veranstaltungen – es gibt zahlreiche Formate und Möglichkeiten, die für mehr Kreativität und Innovation sorgen. Vertrauen Sie Ihren Mitarbeitenden und schaffen Sie eine Experimentierkultur. Geben Sie ihnen den nötigen (Frei-)Raum, um kreativ zu denken – außerhalb ihrer Schreibtische, Produktionsstätten und vorgegebener Arbeitszeiten. Kreativität und Innovationen können nur entstehen, wenn sich Mitarbeitende wohlfühlen und man ihnen vertraut.

Teamspirit & Kommunikation

Die Förderung des Teamgeistes und Zusammenhalts im Unternehmen ist eine wichtige Aufgabe der/des FGM. Mitarbeitende stehen häufig im Wettbewerb miteinander, kämpfen um eine Beförderung oder manchmal auch »nur« um mehr Anerkennung. Teambuilding-Übungen und -Workshops, Fallstudien und Simulationen oder gemeinsame Events helfen den Mitarbeitenden dabei, einander besser zu verstehen und als Team zusammenzuwachsen. Persönlichkeitstools wie Insights Discovery®, das Reiss Motivation Profile®, das SCILprofile® oder die 9 Levels of Value Systems® können hier wichtige zusätzliche Hilfsmittel sein. Sie analysieren die unterschiedlichen Persönlichkeiten und Wertesysteme der Teammitglieder und machen sie für alle Beteiligten greif- und nutzbar. Sicher muss ein*e FGM nicht all diese Tools und Methoden beherrschen, aber er oder sie sollte immer am Puls der Zeit sein, sich mit Trends auseinandersetzen und wissen, wer sie wie ins Unternehmen einbringen kann.

Es gibt aber auch weniger wissenschaftliche Möglichkeiten, die die Kommunikation im Unternehmen fördern können: ein wöchentliches Montagsfrühstück für alle, gemeinsame Sport- oder Kreativ-Events oder die Organisation von After-Work-Treffen beispielsweise haben einen enormen Effekt und lassen Kollegen nicht selten zu Freunden werden. Sollten dennoch einmal Konflikte auftreten, ist es Aufgabe der/des FGM, einen ausgebildeten Konfliktklärer/eine Konfliktklärerin ins Boot zu holen oder selbst zwischen den Fronten zu vermitteln. Unausgesprochenes wird so an den richtigen Stellen formuliert und die Streitparteien kommen konstruktiv ins Gespräch. Letztendlich ist ein*e FGM auch Ambassador in Sachen interne Kommunikation. Denn das Unternehmen kann sich noch so viel Mühe geben, das Wohlfühlen der Belegschaft zu fördern – wenn es versäumt, diese über die entsprechenden Maßnahmen zu informieren, hat es nichts gewonnen. Also folgen Sie ruhig dem Motto: »Tue Gutes und sprich darüber.«

Unternehmenskultur & Vision

Mitarbeitende sind dann besonders zufrieden, motiviert und leistungsstark, wenn sie von ihrem Arbeitgeber überzeugt sind. Wenn sie an das »Produkt«, die Vision und Mission des Unternehmens glauben. Und wenn ihre persönlichen Werte im Einklang mit den Unternehmenswerten stehen. Aufgabe der/des FGM ist es, als Verbindungsglied zwischen Mitarbeitenden und Unternehmen zu agieren und diese Synergien zu fördern. Eine Analyse der Betriebskultur, werteorientierte Team-Workshops oder gemeinsame »Kultur- oder Visionstage« bringen nicht nur wichtige Erkenntnisse für die Personalauswahl, sondern auch für die gezielte Motivation und Bindung der Mitarbeitenden an das Unternehmen.

Der Jobtitel »Feelgood Manager*in « polarisiert und ruft auch viele Kritiker auf den Plan. Sie sehen die – nicht ganz unbegründete – Gefahr, dass die Verantwortung für die Unternehmenskultur und Zufriedenheit der Mitarbeitenden an eine*n Einzelne*n delegiert wird. In diesem Sinne sollte nicht *die eine* Rolle der/des FGM, sondern ein ganzheitliches Feelgood Management im Unternehmen etabliert werden, das vor allem Führungskräfte und HR-Mitarbeitende »in die Pflicht nimmt«. Damit die Maßnahmen Erfolg haben, muss die Unternehmensleitung voll und ganz dahinterstehen. Denn wenn das Feelgood Management nur Alibifunktion für eine mangelhafte Führungskultur ist, dann schadet dieser unauthentische Aktionismus dem Image des Unternehmens nachhaltig. Feelgood Manager*innen sollten also als Koordinator*innen, Initiator*innen, Ideengeber*innen, Multiplikator*innen und Motivator*innen fungieren, die das Thema »Betriebsklima und Unternehmenskultur« immer wieder in den Fokus rücken und konsequent am Leben halten. Sie müssen dabei nicht alle Maßnahmen im Alleingang durchführen, sondern »Steine ins Rollen bringen« und »Bälle in der Luft halten«.

⧣ Gedankenfutter

- Welchen Benefit hätte Ihr Unternehmen von der Einführung des Feelgood Managements?
- Welche konkreten Bereiche oder Themen könnte ein*e FGM in Ihrem Unternehmen positiv beeinflussen?
- Gibt es Personen in Ihrem Unternehmen, die diese Rolle besonders gut ausfüllen würden?
- Befragen Sie Kollegen und Mitarbeitenden zu diesem Thema, um mehr Meinungen zu hören.

Betriebliches Gesundheitsmanagement – so wichtig wie nie

Mit einem durchdachten und vor allem vorhandenen betrieblichen Gesundheitsmanagement (BGM) können Sie einen wesentlichen Beitrag zu Zufriedenheit und Wohlergehen Ihrer Mitarbeitenden leisten. Selbstverständlich müssen Sie geltende Gesetze und Regelungen zu Arbeits- und Erholungszeiten einhalten, eine sichere Arbeitsumgebung gewährleisten und die Standards eines ergonomischen Arbeitsplatzes beachten. Darüber hinaus können Sie sich jedoch einen klimatischen Vorteil verschaffen, wenn Sie Ihren Mitarbeitenden weitere gesundheitsfördernde bzw. -erhaltende Angebote machen. Am Ende des Tages schaffen Sie so eine Win-win-Situation: Ihre Mitarbeitenden freuen sich über das Angebot und spüren, dass Sie sich Gedanken um ihr Wohlergehen machen. Sie profitieren auf der anderen Seite von einer leistungsstarken, belastbaren und motivierten Belegschaft. Generationsübergreifend kann ein gutes BGM noch mehr für Sie und Ihr Unternehmen tun. Denken Sie zurück an die Indikatoren zum Betriebsklima: Kranke Mitarbeitende führen zu hohen direkten und indirekten Kosten. Im ungünstigsten Falle müssen Sie Stellen nachbesetzen – ein häufig sehr langwieriger Prozess, der Ihnen und Ihren Mitarbeitenden aufs Gemüt schlagen kann. Sie müssen Budgets beantragen, eine Überbrückung des Ausfalls genehmigen lassen, die richtige Person für den Job finden und einarbeiten. In der Zwischenzeit fangen Sie und die anderen Mitarbeitenden die liegenbleibende Arbeit auf, was zu Stress und dem Ausbleiben kreativer Ideen führen kann.

Der demografische Wandel, eine alternde Gesellschaft und somit auch immer älter werdende Mitarbeitende machen Maßnahmen zur Gesundheitserhaltung noch wichtiger. Auch der Fachkräftemangel spielt Ihnen bei Nachbesetzungen von Stellen nicht gerade in die Karten. Zugespitzt wird diese Problematik noch durch die fortschreitende Digitalisierung. Durch die Möglichkeit, von überall aus arbeiten zu können, verschwimmen die Grenzen von Arbeit und Privatleben in vielen Berufsfeldern mehr und mehr. Das kann neben körperlichen auch psychische Belastungen hervorrufen. Wir fühlen uns gestresst, entwickeln Schlafprobleme, sind mental überlastet und können im wahrsten Sinne des Wortes nicht mehr abschalten. Das kann nicht gesund sein und demotiviert auf lange Sicht. Wer müde ist und dabei vielleicht noch das Gefühl hat, vom Arbeitgeber alleingelassen zu werden, dem rutscht eher mal ein Vorwurf oder ein schnippischer Kommentar heraus. Das vergiftet das Klima und ist Nährboden für Unzufriedenheit und Konflikte.

Doch auch unter dem Aspekt des Employer Branding mit dem Ziel, als attraktiver Arbeitgeber wahrgenommen zu werden und motivierte, leistungsfähige neue Mitarbeitende zu gewinnen, ist ein gutes BGM wichtig. Insbesondere jüngere Menschen der Generation Y und Z legen Wert darauf, in einem Unternehmen zu arbeiten, in dem sie mehr als nur Geld zum Leben bekommen. »Money can't buy us happiness« ist nicht nur ein Zitat aus einem Song der Black Eyed Peas, sondern ein bedeutsamer Teil der Lebensphilosophie vieler junger Menschen. Wenn sie sich zwischen zwei Arbeitgebenden entscheiden können, wählen sie – wer kann es ihnen verübeln – den mit den besseren Zusatzleistungen wie beispielsweise einem guten BGM.

Doch bevor wir Ihnen konkrete Maßnahmen-Ideen an die Hand und ein kleines Beispiel aus unserem eigenen Unternehmen geben, möchten wir Ihnen den Prozess der Implementierung vorstellen.

Die vier Schritte zum BGM

In der Fachliteratur werden drei Säulen des Gesundheitsmanagements beschrieben: der Arbeits- und Gesundheitsschutz, die betriebliche Gesundheitsförderung und das betriebliche Wiedereingliederungs-Management.

Ersteres und Letzteres sind für alle Unternehmen Pflicht, die betriebliche Gesundheitsförderung hingegen ist die Kür, der »Spielplatz« des betrieblichen Gesundheitsmanagements.

1. Für eine systematische Herangehensweise an das BGM führen Sie im ersten Schritt eine Bedarfsanalyse durch: Welche Ziele wollen Sie erreichen? Welche Maßnahmen bieten Sie bereits an? Wie ist der Ist-Zustand der physischen und psychosozialen Gesundheitssituation? Hier können Krankenstände, Umfragen unter den Mitarbeitenden, Arbeitsplatz-Screenings oder Ähnliches herangezogen werden.

2. Als Nächstes gehen Sie in die Planung. Sie brauchen ein »BGM-Team«. Das können Mitarbeitende, die Personalabteilung, Führungskräfte oder externe Berater*innen sein, die Ihre Erkenntnisse auswerten, Zielgruppen definieren und Zeit-, Arbeits- sowie Kostenpläne für die unterschiedlichen Maßnahmen entwickeln. Vergessen Sie dabei nicht das Sprichwort »Tue Gutes und rede darüber«. Sorgen Sie also dafür, dass Sie eine Strategie für die interne Promotion Ihres Gesundheitsmanagements haben.

3. Nun geht es an die Umsetzung. Bringen Sie Ihre Maßnahmen auf den Weg. Das können beispielsweise gemeinsame Spaziergänge, ein Gesundheitstag oder Workshops zu unterschiedlichen Themen sein. Achten Sie darauf, dass Sie dabei keinen »one shot« hinlegen, sondern Ihre Ressourcen nachhaltig und auf Dauer ausgelegt anbieten. Sonst verpufft der Effekt schneller, als Sie »Gesundheitsmanagement« sagen können.

4. Der letzte Schritt, die Evaluation Ihrer Maßnahmen, kann Sie dabei unterstützen: Haben Sie Ihre Ziele erreicht? Was hat sich intern verändert? Wo liegt noch Optimierungspotenzial? Was sind die

nächsten Schritte? Sie merken schon – mit der Evaluation Ihrer Maßnahmen stehen Sie bereits wieder in den Startlöchern Ihrer Bedarfsanalyse und können den BGM-Kreislauf fortführen.

Möglichkeiten für ein BGM
Größere Vorhaben und Projekte scheitern häufig an finanziellen Ressourcen oder auch daran, dass der Berg an damit verbundener Arbeit unüberwindbar groß scheint. Das muss beim BGM nicht sein, denn die Maßnahmen hierzu sind vielfältig. Gemeinsame Yoga- oder Meditationseinheiten, gute Lichtverhältnisse, ein ergonomischer Schreibtischstuhl, ein Obstkorb anstatt eines vollen Süßigkeiten-Schranks sind ein guter Anfang. Auch die Möglichkeit, einen Spaziergang in der Pause zu machen und dafür nicht schief angeschaut zu werden, sollten Unternehmen fördern. Pausen reduzieren zwar theoretisch gesehen die Arbeitszeit, tragen aber gleichzeitig dazu bei, dass die tatsächliche Arbeitszeit an Schreibtisch oder Werkbank wesentlich effektiver und produktiver genutzt werden kann. Sollten Sie, aus welchen Gründen auch immer, nicht die Ressourcen haben, ein groß angelegtes BGM in Ihrem Unternehmen zu etablieren, sich Expertise einzukaufen und aus vollen Geldtöpfen zu schöpfen, dann beginnen Sie ganz unbürokratisch in Ihrem Team. Schlagen Sie vor, gemeinsam spazieren zu gehen. Nehmen Sie sich 30 Minuten in der Woche Zeit, um mit einem Podcast eine angeleitete Meditation zu machen, oder fragen Sie Ihre Mitarbeitenden, ob Sie abwechselnd für Obst oder gesunde Snacks am Arbeitsplatz sorgen wollen. Seien Sie kreativ, sprechen Sie mit Ihren Mitarbeitenden darüber. Schauen Sie sich außerdem die Arbeitsplätze im Homeoffice, Firmenbüro oder in der Produktionshalle an und finden Sie heraus, wer einen neuen Stuhl benötigt, eine weitere Lichtquelle, einen höhenverstellbaren Schreibtisch, eine ergonomische Maus etc.

Ihre Mitarbeitenden wissen oft selbst am besten, was ihnen guttut. Seien Sie daher offen für ihre Vorschläge. In unserem Institut haben wir es zum Beispiel möglich gemacht, dass jeder, der möchte, an einer wöchentlichen Yoga-Stunde in unserem Konferenzraum teilnehmen kann. Die Idee dafür kam von einer Mitarbeiterin, und nicht alle aus der Geschäftsführung waren gleich Feuer und Flamme. Doch nachdem wir im Team darüber gesprochen hatten, fanden wir eine Lösung, die

die Umsetzung für alle annehmbar machte. So wird der Yoga-Kurs aus der Institutskasse gezahlt und die ausfallende Arbeitszeit an einem anderen Tag nachgeholt. Unterm Strich haben wir es somit geschafft, dass jeder einen Beitrag zu diesem Projekt leistet, wir etwas für unsere Gesundheit tun und zugleich den Team-Spirit durch gemeinsame Aktivitäten stärken. Außerdem wurde deutlich, dass Widerstände für ein Thema durch Verhandlungen und Gespräche gelöst werden können und Ideen auch bottom-up Gehör finden. Ihre Mitarbeitenden werden Ihr Bemühen zu schätzen wissen. Vielleicht haben Sie sogar jemanden im Team, der sich im BGM auskennt, selbst viele gesundheitsfördernde Dinge in seiner/ihrer Freizeit unternimmt und Lust hat, Sie darin zu unterstützen. Trauen Sie sich außerdem, bei den Unternehmenslenkern nach Mitteln dafür zu fragen. Bereiten Sie sich gut auf das Gespräch vor und nennen Sie die Vorteile eines guten und die Konsequenzen eines schlechten BGM. Wenn Sie noch einen Schritt weiter gehen wollen, implementieren Sie Ihr Engagement im Unternehmensleitbild. Lassen Sie sich und Ihr Unternehmen daran messen, Verantwortung für die Gesundheit Ihrer Mitarbeitenden zu übernehmen.

Gedankenfutter

- Was bietet Ihr Unternehmen an BGM-Maßnahmen?
- Kennen und nutzen Ihre Mitarbeitenden die Angebote?
- Was könnten Sie oder Ihr Unternehmen an gesundheitserhaltenden Maßnahmen anbieten?
- Wie handhaben Sie Pausenregelungen?
- Wie gehen Sie mit der Wiedereingliederung erkrankter Kolleginnen und Kollegen um?
- Könnte es für Sie und Ihr Team sinnvoll sein, gemeinsam Maßnahmen zu entwickeln oder eine Person zu benennen, die einen besonderen Blick auf Ihr BGM hat?

Diversity Management – Vielfalt zum Wohle aller

Wir werden von unseren Kunden häufig gefragt, ob es gut für die Zusammenarbeit ist, wenn Teams bunt, also heterogen, oder eher Ton-in-Ton, sprich homogen, zusammengesetzt sind. Unsere Antwort ist dabei vermutlich häufig unbefriedigend, da sie nicht schwarz oder weiß ist: »Es kommt darauf an ...« Vielleicht fühlt es sich für uns manchmal leichter an, »unter Gleichen« zu sein. Es fordert uns weniger heraus, das Konfliktpotenzial ist häufig geringer. Andererseits kann es auch dazu führen, dass jeder in seiner Komfortzone bleibt. Herangehensweisen an die Lösung eines Problems sind häufig gleich, was bedeuten kann, dass frischer Wind und kreative Ideen ausbleiben. Davon abgesehen haben wir auch in den seltensten Fällen eine tatsächliche Wahl, wer unsere Kolleginnen und Kollegen, unsere Mitarbeitenden oder Vorgesetzten sind. Daher lautet unser Credo: Es kommt darauf an, wie gut zusammengearbeitet wird. Wie gut wir uns auf Unterschiedlichkeit einlassen und diese wertschätzen, akzeptieren und respektieren. Genau hier setzt das Diversity Management an: Es fördert die Vielfalt im Unternehmen und nutzt sie zum Wohle aller.

Die zwei Seiten der Diversity

In der Arbeitswelt kommen Menschen aller Fasson und Couleur zusammen. Ihre Diversity kann ein Unternehmen bereichern und die Bereitschaft fördern, neue Wege zu gehen: durch verschiedene Perspektiven und Blickwinkel, durch unterschiedliche Prägungen und Ideen davon, wie etwas gemacht wird. Auf der anderen Seite bietet Diversity jedoch auch Potenzial für Fettnäpfchen (im besten Fall) oder aber für Diskriminierung, Ausgrenzung und Mobbing (im schlimmsten Fall). Damit sowohl Fettnäpfchen umgangen als auch Mobbing ausgeschlossen werden können, bedarf es im Zweifel nicht nur des Fingerspitzengefühls, sondern konkreter Maßnahmen, die für Inklusion und Chancengleichheit sorgen.

Diversity bedeutet übersetzt Vielfältigkeit, Diversität oder Unterschiedlichkeit. Diese kann sich auf das Lebensalter, die Herkunft, den sozialen Background, Bildung, Geschlecht, Hautfarbe, auf die physische und psychische Belastbarkeit, die Familiensituation, Lebensplanung oder Weltanschauung beziehen.

Je nach Unternehmensgröße und Heterogenität der Belegschaft sollte das Diversity Management umfangreich und planungsvoll ausgerollt werden. Doch auch für kleine Unternehmen mit scheinbar homogener Zusammensetzung der Mitarbeitenden lohnt sich ein Blick unter den Deckel der vermeintlichen Gleichheit, um nicht unbeabsichtigt ein betriebliches Unwetter heraufzubeschwören. Mit Diversity Management soll klimatisch betrachtet genau das vermieden werden. Es bedeutet unterm Strich, die Vielfalt der Belegschaft möglichst störungsfrei zusammenzubringen, alle Bedürfnisse unter einen Hut zu bekommen, individuelle Stärken zu fördern, Schwächen auszugleichen und Ausgrenzung zu vermeiden. Viele Unternehmen tragen diese Idee sogar in ihren Leitbildern oder haben sie als Teil ihrer Unternehmensstrategie definiert. Mit der »Charta der Vielfalt«, einer Selbstverpflichtung des gleichnamigen Vereins, haben bereits über 2.700 Unternehmen ein Zeichen für Chancengleichheit in der Arbeitswelt gesetzt. Auch im Hinblick darauf, als attraktiver und sozial agierender Arbeitgeber gesehen zu werden, nimmt Diversity Management einen immer größer werdenden Raum ein. Oder können Sie sich vorstellen, für ein Unternehmen zu arbeiten, in dem das keine Rolle spielt?

Angekurbelt durch den zunehmenden Fachkräftemangel, Migrationsbewegungen, aber auch durch Debatten um geschlechtliche Vielfalt und Identität, Quotenregelungen oder den »Gender Pay Gap« hat das Thema »Diversity, Gleichberechtigung und Gleichbehandlung« in den vergangenen Jahren eine nie da gewesene Aufmerksamkeit bekommen. Schnell kam hier das Gefühl auf, vor lauter Wald die Bäume nicht mehr zu sehen. Viele Menschen sind heute verunsichert, welche Begrifflichkeiten politisch korrekt sind und was sie überhaupt noch sagen können. Um sich dem Thema anzunähern und ein eigenes Gespür zu entwickeln, sind gezielte Schulungen und Trainings zu Diversity Management sicherlich ein erster sinnvoller Schritt. Insbesondere wenn Sie ein diverses Team zu führen haben, ist es oft hilfreich, ein Diversity-Training zur Sensibilisierung aller anzusetzen. Auch wir sind keine ausgewiesenen Expertinnen auf diesem

Gebiet und raten daher dazu, sich insbesondere bei diesem Thema Expertise dazuzuholen. Nichtsdestotrotz möchten wir Ihnen eine erste Idee für die Herangehensweise an die Implementierung von Diversity Management sowie einige mögliche Maßnahmen an die Hand geben.

In 5 Schritten zum professionellen Diversity Management

Wenn Sie sich dem Thema grundsätzlich annehmen möchten, helfen Ihnen diese fünf Schritte dabei:

1. Definieren Sie den Nutzen.
Fragen Sie sich, warum ein gutes Diversity Management wichtig ist:
- Welchen Vorteil bringt es in Bezug auf Ihr Team, Ihre Kunden oder Geschäftspartner?
- Welches Problem könnte es lösen und welche Chancen bedienen?

2. Machen Sie eine Bestandsaufnahme.
- Wie ist Ihr Team oder Ihr Unternehmen zusammengesetzt?
- Welche Maßnahmen gibt es bereits und welche führen Sie schon durch, ohne dass Sie sich derer bewusst sind?
- Gibt es Diversity- oder Gleichstellungsbeauftragte in Ihrem Unternehmen?

Für die Bestandsaufnahme kann es hilfreich sein, sich die verschiedenen Unternehmensebenen anzuschauen, wie zum Beispiel das Recruiting, die Führungsebene, die Personalentwicklung oder die strategische Ausrichtung. Welche Rolle spielen hier Chancengleichheit, kulturelle Diversität, Förderung etc.?

3. Legen Sie einen Plan fest.
- Wie können Sie das Thema Diversity einführen oder stärken?
- Wen brauchen Sie dazu?
- Welchen Zeitrahmen und welches Budget benötigen Sie?
- Was möchten Sie konkret erreichen?
- Welche Maßnahmen braucht es?
- Welche Zielgruppen sollten angesprochen werden?
- Wie wollen Sie die Maßnahmen kommunizieren?

Mögliche Maßnahmen können Sprachkurse sein, flexible Arbeitszeiten, barrierefreie Wege und Räume, Diversity- oder interkulturelle Trainings, Führungskräfte-Coachings, Quotenregelungen, die Erstellung von Texten in einfacher Sprache, Beratungsangebote, das Einrichten von Gebetsräumen, Diversity-Tage, Förderprogramme etc.

4. Setzen Sie Ihren Plan um.
- Mit welchen Maßnahmen wollen Sie beginnen?
- Kann es hilfreich sein, ein Diversity-Team ins Leben zu rufen, das die Umsetzung betreut?
- Welche Stakeholder brauchen Sie?
- Haben Sie Betroffene zu Beteiligten gemacht?
- Wurden Ihre Maßnahmen von Expert*innen oder Betroffenen »gegengecheckt«?

5. Sichern Sie Ihre Erfolge.
- Evaluieren Sie Ihre Maßnahmen: Was haben sie bewirkt?
- Wie stellen Sie Nachhaltigkeit sicher?
- Was lässt sich verbessern oder verändern?
- Wie erreichen Sie weitere Zielgruppen?
- Was möchten Sie als Nächstes angehen?

Werfen Sie beim Thema Diversity Management auch einen Blick auf Big Player wie Volkswagen, Daimler, Google, Airbus oder suchen Sie nach Best-Practice-Beispielen in Ihrem Umfeld. Vielleicht gibt Ihnen auch eine anonyme Mitarbeitenden-Befragung Aufschluss zu Ihrem Status quo und Impulse zu möglichen Maßnahmen.

Gedankenfutter

- Wie stehen Sie persönlich zum Thema Diversity?
- Was fällt für Sie alles unter den Sammelbegriff Diversität?
- Wie vielfältig sind Ihr Unternehmen und Ihr Team zusammengesetzt?
- Wie »bunt« sind Ihr Kundenstamm und Ihre Geschäftspartner?
- Haben Sie schon einmal an einem Diversity Training oder einem Training zu interkultureller Kompetenz teilgenommen?
- Gibt es bereits Maßnahmen zu Diversity Management in Ihrem Unternehmen?
- Welche davon finden Sie gut, welche schlecht und in welchen Bereichen sehen Sie noch Nachholbedarf?

Ambassadeure – Unterstützer*innen aus den eigenen Reihen

Wenn sich hierarchisch altgewohnte Strukturen auflösen, kommen Mitarbeitende unterschiedlich gut damit zurecht. Veränderungsbereitschaft ist nicht bei jedem Menschen gleichermaßen im Charakter verankert, sodass der eine oder die andere Unterstützung benötigt. Ambassadeure können Führungskräfte hierbei entsprechend unterstützen. Sie kommen in der Regel aus den eigenen Reihen der Abteilung und nehmen verunsicherte Kolleg*innen während eines Change-Prozesses mit auf die Zukunftsreise, übersetzen Botschaften, holen Feedback ein, klären auf, bauen Unsicherheiten ab. Mitarbeitende, die gut mit Veränderung umgehen können, sind für diese Rolle prädestiniert. Sie sind Vertrauensperson und helfen in der Regel gern. Somit motiviert sie die Rolle als Ambassadeur auch selbst.

Neben Ambassadeuren und Feelgood Manager*innen sind auch Pat*innen für neue Mitarbeitende, Informationsbeauftragte und Multiplikatoren für Initiativen eine gute »personelle Investition« in eine zufriedene Belegschaft. Auch die Einführung eines sogenannten Sounding

Boards – eine Art »Resonanz-Gremium« bestehend aus verschiedenen Mitarbeitenden unterschiedlicher Funktionen und Positionen – hat das Ziel, den Klimawandel im Unternehmen zu begleiten und zu unterstützen. Es fungiert als Stimmungsbarometer, hört sich Meinungen an, klärt auf, wo Missverständnisse vorliegen, gibt Feedback in alle Richtungen. Kritisch und konstruktiv, hinterfragend und motivierend.

Diese Rollen haben natürlich auch auf die soziale Klimazone einen erheblichen Einfluss. Ihr Hauptaugenmerk liegt bei den Mitarbeitenden, auf der Zusammenarbeit und dem Wohlfühlfaktor. Dieses Zusammenspiel führt zu einer positiven und wertschätzenden Atmosphäre, die sich nicht auf eine einzelne Person oder Handlung zurückführen lässt, sondern in Summe auch hier mehr ist als die Einzelteile.

Gedankenfutter

- Welche atmosphärischen Untiefen bestehen derzeit in Ihrem Unternehmen?
- Welche der oben genannten Rollen und Funktionen ließen sich am ehesten in Ihrem Unternehmen einführen?
- Wer wäre prädestiniert für welche Rolle?
- In welchen Bereichen könnten Sie Ressourcen (Zeit, Geld, Personal etc.) direkt und indirekt einsparen, wenn Sie die beschriebenen Rollen etablieren würden?

Zusatzleistungen – Bindung durch punktgenaue Angebote

Eine klassische Gehaltserhöhung ist für viele Mitarbeitende, insbesondere die jüngere Generation, nicht mehr interessant. Häufig bleibt unterm Strich nicht viel mehr netto übrig, da durch das steigende Bruttogehalt auch die Steuerlast steigt. Es gibt eine Vielzahl an alternativen Möglichkeiten, Mitarbeitende durch individuelle Zusatzleistungen zu motivieren und damit das Betriebsklima zu verbessern. Diese Leistungen rechnen sich für beide Seiten, denn auf sogenannte Sachbezüge fallen häufig keine oder nur geringe Steuern an. Die Liste an Möglichkeiten ist lang. Aber genau das macht es für Unternehmen und Mitarbeitende so attraktiv. Für jedes Bedürfnis ist die passende Leistung dabei. Hier einige Beispiele beliebter Zusatzleistungen in Unternehmen:

- Essensgutscheine für die unternehmensinterne Kantine oder nahegelegene Restaurants
- Zuschüsse für Freizeitaktivitäten (Zoogutscheine, Theater-Abos, Kino usw.)
- Vergünstigungen in Fitnessstudios
- Jobtickets, Fahrtkostenzuschüsse, Tankgutscheine
- Firmenwagen oder -fahrräder
- Subventionierung von Rentenversicherungen/betrieblicher Altersvorsorge
- Übernahme von Studiengebühren
- Betriebskindergarten oder Kindergarten-Zuschüsse
- Weiterbildungsprogramme
- zusätzliche Urlaubstage

Finden Sie heraus, welche Zusatzleistungen für welche Mitarbeitenden die passenden sind. Auch ein gutes betriebliches Gesundheitsmanagement auf die Beine zu stellen oder Lebensarbeitszeitkonten einzurichten, kann Ihr Klima erheblich verbessern. Darüber hinaus bieten zusätzliche Urlaubstage, ein Firmenwagen oder -fahrrad realisierbare Zusatzleistungen. Dabei können Sie zum Beispiel auf ein »Cafeteria-Modell« zurückgreifen: Alle Mitarbeitenden verfügen über ein Punkte-Konto oder tatsächliches Budget und suchen sich eigenständig aus, was am besten zu ihnen passt. Wichtig dabei ist, dass das Unternehmen nicht mit der Gießkanne über die Mitarbeitenden geht, sondern die Angebote typ- und motivgerecht gestaltet. Die besten Zusatzleistungen bringen nichts, wenn Ihre Mitarbeitenden diese nicht wollen.

Es empfiehlt sich, zunächst eine Bestandsaufnahme der vorhandenen Zusatzleistungen zu machen. Anschließend unterziehen Sie diese Liste einem kritischen Feedback seitens der Mitarbeitenden und können an dieser Stelle auch gezielt nach Wünschen und Ideen fragen. In unserem Institut haben bislang alle Auszubildenden spätestens nach einem Jahr den Wunsch gehegt, nebenbei zu studieren. Wir haben bei der Auswahl des richtigen Anbieters unterstützt, die Studienkosten übernommen und auch die Arbeitszeit angepasst, sodass ein nebenberufliches Studium realisierbar wurde. Auch die unterschiedlichen Wünsche nach Fort- und Weiterbildung gehen wir sehr individuell an, sodass die Mitarbeitenden entweder mit konkreten Ideen auf uns zukommen oder wir ihnen zielführende Vorschläge machen. Natürlich sollte eine Fortbildung einen Mehrwert für die Arbeit und somit auch für das Unternehmen mit sich bringen. Einen »Unterwasserklöppel-Kurs« beispielsweise würden wir nicht finanzieren. Beim Thema »Essen« haben wir lange hin und her überlegt. Eine Kantine lohnt sich für uns als kleines Unternehmen mit nur elf Mitarbeitenden nicht und für eine Kooperation mit Restaurants in der Nähe haben wir ebenfalls zu wenige hungrige Mäuler. Also haben wir beschlossen, einen Cateringdienst zu beauftragen, der uns das Essen jeden Tag ins Büro liefert. Der positive Nebeneffekt ist, dass wir meistens die Mittagspause gemeinsam verbringen und über Dinge sprechen, die nichts mit der Arbeit zu tun haben. Davon hat das Klima spürbar profitiert.

Werden auch Sie kreativ. Machen Sie sich als Arbeitgeber interessant – erst recht, wenn Ihnen in Sachen Gehaltsgestaltung die Hände gebunden sind. Mit guten Zusatzleistungen können Sie nicht nur jede*n Einzelne*n etwas zufriedener machen, sondern auch Ihren Wert als Arbeitgeber stärken.

Gedankenfutter

- Welche Zusatzleistungen bietet Ihr Unternehmen?
- Kennen Ihre Mitarbeitenden alle Zusatzleistungen?
- Haben Sie Ihre Mitarbeitenden schon einmal befragt, wie sie die Zusatzleistungen finden bzw. was sie sich wünschen würden?
- Wie kreativ sind Sie in der Entwicklung und Individualisierung der Zusatzleistungen?
- Binden Sie die Mitarbeitenden aktiv in die Gestaltung der Zusatzleistungen ein?

Interne Kommunikation – Identifikation durch Wertevermittlung

Die Anforderung an eine gute interne Kommunikation (IK) befindet sich im stetigen Wandel und wird dadurch immer komplexer – nicht zuletzt aufgrund der zunehmenden Digitalisierung und dem damit einhergehenden Wandel von hierarchisch organisierten Unternehmensstrukturen hin zu einer starken WIR-Kultur mit gemischten, agilen Teams. Daher sollte sich die interne Kommunikation heute nicht mehr »nur« als Sprachrohr der Unternehmensleitung verstehen. Sie sollte vielmehr die Mitarbeitenden zu aktiver Kommunikation motivieren und gleichermaßen die Partizipation aller Beteiligten fördern. Die interne Kommunikation ist somit treibende Kraft in Zeiten der Veränderung und leistet einen beträchtlichen Beitrag zur Zukunfts- und Innovationsfähigkeit von Unternehmen. Sie fördert die folgenden Parameter, die das Betriebsklima maßgeblich mitbestimmen:

1. Organisatorische Abläufe
2. Informationsverbreitung und Transparenz
3. Austausch und Dialog
4. Onboarding und Diversity
5. Motivation und Anerkennung
6. Bindung und Identifikation

Wichtig dabei ist, die Werte der Organisation bzw. der Organisationskultur immer wieder in den Mittelpunkt der Aufmerksamkeit zu rücken und diese auf unterschiedliche Art und Weise zu vermitteln. Aufruf zu Zusammenarbeit und Dialog, Feedback und Partizipation ist Absicht und Inhalt der internen Kommunikation. Das alles schafft Klarheit über Sinn und Zweck des Unternehmens, macht den individuellen Beitrag jedes/jeder Einzelnen deutlich und fördert neben einem guten Betriebsklima auch die Identifikation mit dem Unternehmen.

Doch bevor Sie nun voller Aktionismus eine umfassende Kommunikationsstrategie aus dem Boden stampfen, machen Sie zunächst eine Inventur: Welche Kommunikationskanäle nutzen Sie bereits? Welche Zielgruppen werden erreicht? Gibt es Zielgruppen, die Sie darüber hinaus ansprechen wollen? Neben Informationen über wirtschaftliche Ergebnisse, Ziele, Strategien, Prozesse und Entscheidungen – welche Art von Content wollen Sie noch anbieten? Starten Sie parallel eine Zufriedenheits- und Bedürfnisabfrage in der Belegschaft: Wie nehmen die Mitarbeitenden die bisherigen Maßnahmen der internen Kommunikation wahr? Was fehlt ihnen, um sich umfassend informiert und einbezogen zu fühlen? Es lohnt sich, der internen Kommunikation die nötige Aufmerksamkeit und Manpower zu schenken. Vor allem der Mangel an Letzterem ist häufig ein Grund, warum Unternehmen nicht in der Lage sind, ihre Themen wirkungsvoll an die Mitarbeitenden zu vermitteln.

Schaut man sich die Positionen an, die sich im Unternehmen ausschließlich der internen Kommunikation widmen, dann ist deren Anzahl im Verhältnis zur Gesamtbelegschaft häufig verschwindend gering. Das ist aus unserer Sicht unzulänglich. Wie viele Kanäle kann eine Person an einem Tag mit notwendigen Informationen oder Wissen bespielen, um möglichst viele Mitarbeitende zu erreichen? Wie viel Zeit bleibt, um andere aktiv in die Verbreitung von Informationen einzubeziehen, Texte zu redigieren, interessante Interviews zu führen oder Wissenswertes aus der Branche zu recherchieren und aufzubereiten? Wenn ein Unternehmen tatsächlich nur eine einzige Person mit dieser Aufgabe betraut, dann kann das Ergebnis nicht befriedigend sein. Die Anzahl der Menschen, die sich mit der internen Kommunikation befassen, sollte von der Größe des Unternehmens abhängen. Im Optimalfall sind es mindestens zwei Personen, sodass sie sich austauschen und gegenseitig inspirieren können. Diesen Mitarbeitenden muss es darüber hinaus möglich sein, autark und autonom zu agieren. Jeder Bericht, der erst »von ganz oben« abgesegnet wird, verlangsamt den Prozess und das Kommunizieren von interessanten Informationen oder wichtigen und oftmals zeitkritischen Neuigkeiten.

Möglichkeiten der internen Kommunikation
Interne Kommunikation hat viele Facetten und sollte unterschiedliche Kanäle nutzen. Einige davon wollen wir nun aufführen, um Ihnen einen Einblick zu geben, wie umfassend das Thema ist.

Das Intranet
Das unternehmensinterne Intranet ist wie das Internet – eben nur nach innen gerichtet, das heißt, nicht öffentlich zugänglich. Ein legitimierter Teilnehmerkreis kann hier untereinander kommunizieren und Informationen austauschen. Durch das Intranet ist es zudem möglich, unterschiedliche Zielgruppen je nach Informationsbedarf individuell, schnell und unkompliziert zu erreichen – vorausgesetzt, das Intranet wird regelmäßig gepflegt und die Informationen sind aktuell. Je nach technischem Aufsatz und Zugriffsberechtigung fungiert das Intranet als Datenbank, Abbild der Aufbau- und Ablauforganisation, Kollaborationstool oder als virtuelles »schwarzes Brett«. Videos, Podcasts, Interviews, Nachrichten oder Pressemitteilungen lockern auf und helfen bei der Emotionalisierung. Kurzum: Das Intranet bietet die Möglichkeit der Abwärts-, Aufwärts- und horizontalen Kommunikation über alle Hierarchieebenen hinweg – und das (fast) in Echtzeit. Das Intranet ist heute ein starkes Führungswerkzeug, das dabei unterstützt, die Verbindung zu und zwischen den Mitarbeitenden aufrechtzuerhalten.

Apps und Messenger-Gruppen
Apps und Messenger-Dienste haben vor allem während der Corona-Pandemie vielfach dazu beigetragen, dass Mitarbeitende auch im Homeoffice ausreichend informiert werden konnten und die Unternehmen entsprechend handlungsfähig blieben. Aber auch unabhängig von

solch herausfordernden Zeiten bieten diese Tools eine hervorragende Plattform für die interne Kommunikation. Sie sind vielseitig einsetzbar und fördern:

- die News-Verbreitung (u. a. per Push-Nachrichten),
- die Transparenz im Unternehmen,
- die orts- und zeitunabhängige Kommunikation untereinander durch Gruppen-Chats o. Ä.,
- die Zusammenarbeit (z. B. durch eine integrierte oder verlinkte Wissensdatenbank),
- die Wissensvermittlung durch E-Learning und spielerische Ansätze wie Gamification und Quiz-Funktionen,
- die Teilnahme der Mitarbeitenden an Aktivitäten, Umfragen etc.,
- direktes Feedback,
- die Mitarbeiter*innen-Gewinnung und -bindung durch das Veröffentlichen von Jobangeboten etc.,
- das Onboarding neuer Mitarbeitender, die sich sofort integriert und informiert fühlen.

Durch die Nutzung auf – häufig auch privaten – Mobiltelefonen erreichen Informationen die Mitarbeitenden unmittelbarer. Damit wird nicht nur die Zugangsbarriere für Kommunikation reduziert. Funktionen wie Push-Nachrichten führen auch zu einer besseren Aktivierung der Zielgruppe im Vergleich zu herkömmlichen digitalen Plattformen der Kommunikation.

Wenn es keine Möglichkeit gibt, eine Mitarbeiter*innen-App zu installieren, sollte es den Mitgliedern einer Abteilung oder eines Teams bei Bedarf erlaubt sein, eine Messenger-Gruppe (zum Beispiel bei Diensten wie WhatsApp, Telegramm oder Threema) in Eigenregie zu pflegen. Ob der Chef oder die Chefin darin ebenfalls Mitglied ist, sollte jede Gruppe für sich entscheiden. Wird er oder sie ausgeschlossen, sagt das auch etwas über das Betriebsklima aus.

Je nach Firmenpolitik und Eigenständigkeit der Mitwirkenden ist eine Messenger-Gruppe eine gute Austauschmöglichkeit und in vielen Unternehmen bereits Alltag – offiziell oder inoffiziell. Der Nachteil:

Nicht jeder Mitarbeitende hat ein Smartphone oder ist mit Messenger-Diensten vertraut. Einige lehnen die Verwendung auch prinzipiell ab. Eine Messenger-Gruppe sollte somit nicht alleiniges Kommunikationsmittel sein, sondern als Zusatztool betrachtet werden.

Der Newsletter – digital und/oder Print

Unternehmen informieren ihre Kunden*innen regelmäßig durch Newsletter über neue Produkte und Marken – ein gängiger Vertriebskanal. Warum nicht auch einen Newsletter an die eigene Belegschaft verschicken? Gerade bei Firmen mit vielen Mitarbeitenden oder mit verschiedenen Standorten ist es essenziell, alle Beteiligten schnell und unkompliziert mit aktuellen Informationen zu versorgen. Zu berücksichtigen ist hierbei:

- das passende Format
  - digital (kostengünstig und schnell)
  - Print (für die Mitarbeitenden, die keinen digitalen Zugang haben)
- die richtige Auswahl der Inhalte
  - redaktionell relevante Unternehmensinformationen – unbedingt auch unter Einbindung der eigenen Mitarbeitenden mit Beiträgen, Interviews, Fragen, Steckbriefen, Videos, Podcasts etc.
- die jeweilige Zielgruppe
- der Erscheinungszyklus

Videos und Podcasts

Audiovisuelle Medien sind eine hervorragende Möglichkeit, Informationen spannend und »merkwürdig« aufzubereiten. Eigens erstellte kurze Filme des Unternehmens oder auch ein eigenes Business-TV liefern unternehmensbezogene Informationen in gesteigerter Konzentration. Ob Produktbeschreibungen, Interviews mit Mitarbeitenden, Erklärfilme und -audios oder der Imagefilm des Unternehmens – audio- oder visuell produzierter Content hat einen Mehrfachnutzen, da er sowohl auf internen als auch auf externen Kommunikationskanälen ausgespielt werden kann.

Face-to-Face-Events (live und virtuell)
Die beliebteste Form der Verständigung ist immer noch die des direkten Gesprächs. Diese ergibt sich nicht nur in der alltäglichen Kommunikation in der Pause, beim Kaffeeeckentratsch oder über den Flurfunk, sondern auch bei »offiziellen« Veranstaltungen wie

- Dienstbesprechungen
- Vorstandssitzungen
- Mitarbeiter*innen-Besprechungen
- Betriebsfesten
- Workshops
- Townhall-Meetings
- Teambuilding Events
- Entwicklungsdialogen
- Fuck-up-Nights usw.

Gut organisiert bieten Live-Events eine hervorragende Möglichkeit, Inhalte und Socializing emotional miteinander zu verbinden. Aber auch virtuelle Zusammentreffen fördern Informationsvermittlung, Wissenstransfer, Zusammenarbeit und gemeinsame Erlebnisse – Teambuilding und erheiternde Pausenfüller inklusive.

Das Mitarbeiter*innen-Magazin
Zeitschriften für Mitarbeitende liefern vielfältige Informationen über die Entwicklungen im Unternehmen:

- Bekanntgabe von Kennzahlen
- Erklärung neuer Produkte und Prozesse
- Erläuterung der strategischen Unternehmensentwicklung
- Vorstellung neuer Mitarbeiter*innen, Standorte oder Abteilungen
- externe Experteninterviews
- Hintergrundberichte
- Reportagen
- Gewinnspiele, Contests, Rätsel u.v.m.

Da die Zeitschrift direkt an die Belegschaft des Unternehmens gerichtet ist, dient sie als wertvolles Medium zwischen der Geschäftsführung und den Mitarbeitenden. Sie kann nach Hause mitgenommen werden, wo nicht selten auch die Familienmitglieder in ihr blättern. Im Gegensatz zu »Hochgeschwindigkeitsmedien« wie der Mitarbeiter*innen-App oder dem Intranet sind die Inhalte eines Magazins für Mitarbeitende nicht tagesaktuell, vermitteln aber durch das »gedruckte Wort« eine gewisse Beständigkeit und damit gefühlte Verlässlichkeit.

Infomaterialien – Print und digital

»Print ist out – es lebe digital«, schreit so mancher Digital Native. Digital Immigrants lassen jedoch das »Gedruckte« nach wie vor hochleben. Die Kunst des Medium-Mix scheint die gangbare Lösung zu sein, um eine größtmögliche Userschaft zu erreichen. Somit sind Klassiker wie Poster, Roll-ups, Flyer und Postkarten noch nicht ausgestorben.

Merchandising

Eigenwerbung stinkt? Mitnichten! Vielmehr erwirken sogenannte Corporate Promotional Items wie Sticker, Tassen, Stifte, T-Shirts usw. im täglichen Umgang bei den Mitarbeitenden ein hohes Maß an Identifikation mit dem Unternehmen. Gebrandete Artikel können nützlich oder auch witzig daherkommen und zu einem bestimmten Anlass als »Give-away« eingesetzt werden (z. B. bei Events, Jubiläen, Townhall-Meetings etc.). Und manche schaffen sogar den Weg »nach draußen«. Mehr Werbung geht nicht.

Das Unternehmensmaskottchen

Ein Maskottchen kann genutzt werden, um eine Aktion, eine Veränderung oder Neuerung einzuführen. Mit etwas augenzwinkerndem Humor sorgt es bei der Verbreitung für etwas mehr Leichtigkeit und hilft, die Story des Unternehmens emotional zu untermauern. Es kann zum Beispiel:

- als »gute Seele« die Werte des Unternehmens verkörpern und so zur Belegschaft gehören. Es könnte sogar eine eigene E-Mail-Adresse besitzen und Mails zu bestimmten Themen verschicken oder auch empfangen.

- Identifikationsfigur und Verbündeter sein.
- dialogstiftend wirken.
- als Sticker, Bildschirmschoner oder auf der Kaffeetasse an das Leitbild des Unternehmens erinnern.

Qualität schlägt Quantität

Sie sehen: Interne Kommunikation bietet vielseitige Möglichkeiten, Ihre Botschaften auf unterschiedlichsten Kanälen an die Mitarbeitenden zu vermitteln. Wichtig dabei ist nicht die Quantität, sondern die Qualität. Richtig dosiert und zielgruppengerecht formuliert, hat die interne Kommunikation damit einen nicht zu unterschätzenden Einfluss auf das Betriebsklima.

Übrigens ist es keine Schande, sich Unterstützung und Expertise von außen zu holen. Schließlich ist das Management der internen Kommunikation eine Berufung für sich. Um das Thema auf stabile Beine zu stellen, braucht es neben dem nötigen Fach-Know-how auch viel Zeit für die Umsetzung – Ressourcen, die in vielen Unternehmen oft fehlen. Die Konzeption einzelner oder aufeinander abgestimmter Maßnahmen, die Projektplanung unter Einbindung interner Ressourcen, das Projektmanagement, die Budgetierung, Kontrolle und Auswertung sowie die stetige Weiterentwicklung der Kommunikationsstrategie ist ein Fulltimejob, der sich oft mit externer Unterstützung besser und vor allem auch effizienter realisieren lässt.

Gedankenfutter

- Wie gut ist es in Ihrem Unternehmen um die interne Kommunikation bestellt?
- Wie oft sorgen Sie als Führungskraft dafür, interessante Informationen zu verbreiten?
- Haben Sie einen multimedialen Ansatz oder nutzen Sie nur ein Format?
- Was könnte an Information, Austausch und Wissensvermittlung stattfinden, wenn es dafür mindestens eine zuständige Person gäbe?
- Was hindert Sie bislang daran, diesem Thema mehr Aufmerksamkeit zu schenken?
- Welche anderen Medien könnten Sie ausprobieren, um mehr »am Puls der Zeit« zu sein?
- Wie sind die Inhalte Ihrer News-, Use- und Informationsblätter gestaltet (»short & crisp«, »to the point«, mit Humor, leicht zu lesen und zu verstehen, bunt, modern etc.)?

Leistungsbeurteilung – Entwicklungsdialoge als gelebte Wertschätzung

Jahresgespräch, Entwicklungsdialog, Leistungsbeurteilung – es gibt viele Namen für diese Art von Gesprächen zwischen Mitarbeitenden und Vorgesetzten. In unserem Beratungsalltag fällt uns immer wieder auf, dass die Herangehensweisen genauso mannigfaltig sind wie die Bezeichnungen. Was sie allerdings eint, ist der Zweck dieser Gespräche: Ein*e Vorgesetzte*r oder Personalverantwortliche*r beurteilt die Arbeitsleistung eines Mitarbeitenden und informiert ihn/sie mündlich darüber. Klingt in der Theorie ganz einfach, verlangt in der Praxis aber viel Fingerspitzengefühl. Früher verliefen Beurteilungsgespräche in der Regel eher als Monolog und nicht als Dialog. Die heutigen Entwicklungsdialoge sind – wie der Name schon sagt – keine Einbahnstraßen-Gespräche mehr. Erstaunlich bleibt dennoch, dass das Führen eines solchen Dialogs in vielen Firmen freiwillig ist, das heißt, der Mitarbeitende kann auch darauf verzichten. Oder ein weiteres Szenario: Führungskräfte sind seitens des Unternehmens dazu aufgefordert, ein Jahresgespräch zu führen, doch die Ergebnisse werden nicht verschriftlicht und nachgehalten, geschweige denn mit Maßnahmen und einem Follow-up versehen. Wird der Prozess des Entwicklungsdialogs aber konsequent geschult und positiv gesteuert, ist der Einfluss jedes/jeder Einzelnen auf die Produktivität messbar – und auch das Betriebsklima wird sich positiv entwickeln. Für die Mitarbeitenden bedeutet ein gut geführter Entwicklungsdialog gelebte Wertschätzung. Sie bekommen ein konstruktives Feedback zu ihren Stärken und Entwicklungspotenzialen und erfahren, welchen Beitrag sie zum Team- und Unternehmenserfolg leisten. Das schafft Sicherheit und einen Rahmen, an dem sich jede*r Einzelne orientieren kann. Mitarbeitende können eigene Themen ansprechen, ihre Arbeitsleistung reflektieren und mögliche Karriereperspektiven klären. Beide Seiten sollten sich gut auf dieses Gespräch vorbereiten. Feedback- oder Leistungsbeurteilungsbögen geben dabei ein gutes Gerüst. Wichtig ist, dass nicht nur der Mitarbeitende von der Führungskraft beurteilt wird, sondern auch die Führungskraft vom Mitarbeitenden.

Schlüsselqualifikationen der Beurteilung

Die Kriterien, die herangezogen werden, um die individuelle Arbeitsleistung zu bewerten, sind – neben der Gesprächsführung – ausschlaggebend für den Erfolg des Entwicklungsdialogs. Nachstehend haben wir Ihnen beispielhaft einige erprobte Aspekte für die Beurteilung einer Assistenz der Geschäftsführung aufgeführt:

Freundlichkeit in der Kommunikation gegenüber Kunden, Kollegen und Vorgesetzten:
- Ist die Kommunikation zuvorkommend, aufrichtig und serviceorientiert?
- Werden – auch unausgesprochene – Wünsche erfüllt sowie Flexibilität, Hilfsbereitschaft und echtes Interesse an anderen gezeigt?

Arbeitsqualität und -quantität:
- Wie gut werden gestellte Aufgaben erfüllt?

- Wie genau und gründlich arbeitet der oder die Mitarbeitende?
- Werden alle Details berücksichtigt?
- Wie strukturiert und zielführend ist die Arbeitsorganisation?
- Wie gut und zügig werden die Aufgaben erledigt?

Zuverlässigkeit:
- Werden die Aufgaben verantwortungsbewusst und zuverlässig erledigt?
- Werden Deadlines, Zusagen und Absprachen eingehalten?

Vertrauenswürdigkeit:
- Wie vertrauensvoll geht der oder die Mitarbeitende mit sensiblen Daten und Informationen, persönlich Anvertrautem sowie Interna des Unternehmens um?

Kommunikationsfähigkeit:
- Wie wird Feedback gegeben und empfangen?
- Wie rund läuft die Kommunikation des Mitarbeitenden (telefonisch, per E-Mail, in persönlichen Gesprächen etc.)?
- Wie gut wird zugehört, argumentiert, widerlegt und ein komplexer Standpunkt annehmbar vermittelt?

Eigeninitiative:
- Sucht der oder die Mitarbeitende aktiv nach Wegen und Lösungen, um zum Beispiel die Kundenzufriedenheit oder den Geschäftserfolg zu steigern?
- Übernimmt der oder die Mitarbeitende auch unaufgefordert zusätzliche Aufgaben?
- Wird um Unterstützung gebeten, wenn Hindernisse auftauchen?

Sorgfalt und Ordnung:
- Wie sorgfältig und ordentlich ist der Umgang mit dem Arbeitsplatz und Ressourcen des Unternehmens?

Beitrag zum Unternehmenserfolg:
- Welchen persönlichen Beitrag leistet er oder sie, damit die Firma wirtschaftlich agieren und Gewinne erzielen kann?

Persönliche Fähigkeiten:
- Wie ausgeprägt ist die Belastbarkeit, Flexibilität, Auffassungsgabe und Lernbereitschaft des/der Mitarbeitenden?

Zusammenarbeit:
- Ist der oder die Mitarbeitende ein Teamplayer?
- Wird freiwillig Hilfe angeboten, wenn andere Unterstützung brauchen?
- Zeigt er oder sie Teamgeist im Umgang mit Vorgesetzten, Kolleg*innen und in Projektteams?

Wenn Sie Entwicklungsdialoge als professionelles Führungsinstrument nutzen, dann werden Sie feststellen, dass sich die »Wetterlage« nicht nur entspannt, sondern viel Sonnenschein im Betrieb herrscht. Die Vorbereitung auf ein solches Gespräch ist dabei der Schlüssel zu einem erfolgreichen Verlauf und Ergebnis für beide Gesprächspartner. Nehmen Sie die Dialoge ernst und verlieren Sie – neben all den Formalitäten – das Zwischenmenschliche nicht aus den Augen. Viele Mitarbeitende sind oft angespannt und nervös. Umso wichtiger ist es, diese Gespräche nicht nur sorgfältig, sondern vor allem individuell vorzubereiten. Dazu gehört auch die rechtzeitige Einladung zum Gespräch (mindestens eine Woche vorher). Planen Sie den Termin so vorausschauend, dass Ihnen nichts dazwischenkommen kann und Sie ihn auf den letzten Drücker doch noch verschieben müssen. Zur Vorbereitung gehört auch, den passenden Ort festzulegen. Räumlichkeiten außerhalb des eigenen Büros bieten dem Gespräch einen neutralen Boden und sorgen für eine entspanntere Atmosphäre.

Leider verpassen es viele Führungskräfte, sich im Arbeitsalltag entsprechende Notizen zu machen, um ihre Bewertungen mit konkreten Beispielen verknüpfen zu können. Schauen Sie dabei nicht nur auf die letzten Monate, sondern auf das ganze Jahr zurück. Externe Hilfe kann Sie unterstützen, einen entsprechenden Prozess aufzusetzen.

Nutzen Sie nun einen kurzen Augenblick, um Ihre Art und Weise der Gesprächsführung zu hinterfragen.

> # Gedankenfutter

- Werden in Ihrem Unternehmen Entwicklungsdialoge geführt?
- Werden sie konsequent und ergebnisorientiert umgesetzt?
- Sind sie ein »nice to have« oder ein Teil des Führungscredos?
- Sind die Führungskräfte ausreichend geschult, diese entscheidenden Gespräche professionell führen zu können?
- Werden die Gespräche in schriftlicher Form festgehalten?
- Wie bereiten Sie sich auf die Gespräche vor?
- Wie laden Sie Ihre Mitarbeitenden dazu ein?
- Halten Sie sich an die Terminierung oder verschieben Sie die Gespräche gelegentlich, weil etwas dazwischenkommt?
- Führen Sie sie in einem neutralen Raum oder über Ihren Schreibtisch hinweg?

Onboarding – positive Signale zum Einstieg

Die Tinte unter dem neuen Arbeitsvertrag ist getrocknet, der Einstellungsprozess abgeschlossen, Visitenkarten bestellt, der Arbeitsplatz eingerichtet – dann kann der oder die neue Mitarbeitende ja jetzt richtig Gas geben. Oder doch nicht? Wenn die »Hardware« steht, geht das »softe« Onboarding erst los. Einführung in die Teamkultur, Produkt-Interna, Compliance-Vorgaben oder (ungeschriebene) Gesetze der internen Unternehmenskommunikation – es gibt zahlreiche Spielregeln, die neuen Mitarbeitenden vermittelt werden müssen, damit der Integrationsprozess erfolgreich verläuft. Ankommen, einarbeiten, wohlfühlen, Erwartungen klären und bestenfalls erfüllen – das kann schon mal bis zu einem Jahr dauern.

Es gibt nichts Frustrierenderes, als am ersten Arbeitstag zu merken: Hier ist nichts für mich vorbereitet. Neben den klassischen Onboarding-Checklisten, die alles Logistische und Administrative abdecken (zum Beispiel das Bestellen der Visitenkarten oder Arbeitskleidung, das Namensschild an der Tür oder am Spind, die Beantragung aller

Zugangsdaten etc.), gibt es zahlreiche Maßnahmen, die neue Mitarbeitende motivieren und zu produktiven Insidern werden lassen. Um das nötige Vertrauen aufzubauen, sollte schon vor dem ersten Arbeitstag regelmäßiger Kontakt bestehen – sei es durch einen »Countdown« per Mail mit wichtigen Informationen für den Einstieg in den neuen Job oder ein »Save the Date« für das kommende Betriebsfest. Auch eine kurze Mail des Teams, in der die Freude auf die Ankunft des »Newbees« formuliert wird, ist eine schöne Botschaft.

Am ersten Arbeitstag sollte der Fokus dann darauf liegen, eine angenehme Willkommensatmosphäre zu schaffen: Ein Begrüßungspaket oder ein kurzes Einstiegs-E-Learning mit wichtigen Informationen, Ansprechpartnern, Telefonnummern, Organigrammen und einem Ablauf- bzw. Einarbeitungsplan ist aus unserer Sicht Standard. Darüber hinaus sollten aber auch Meilensteine – erste Schulungen, Sicherheitsunterweisungen, Zugang zu allen relevanten Programmen und Systemen etc. – im Onboarding festgelegt werden, um rechtzeitig mögliche Lücken zu identifizieren. Wenn dann noch versierte und motivierte Pat*innen beim Onboarding unterstützen, können die ersten hundert Tage den Grundstein für eine erfolgreiche Zukunft des/der Mitarbeitenden im Unternehmen legen. Achten Sie als Führungskraft darauf, dass Sie für Fragen der neuen Teammitglieder erreichbar sind. Vielleicht können Sie auch regelmäßige Feedbackrunden einrichten, damit mögliche Schwierigkeiten schnell erkannt und ausgeräumt werden können.

Gedankenfutter

- Wie gut ist das Onboarding in Ihrem Unternehmen organisiert?
- Gibt es neben der klassischen Einarbeitung Pat*innen oder Mentor*innen, die neue Teammitglieder begleiten und betreuen?
- Gibt es »Meilenstein-Gespräche« mit der Führungskraft?
- Haben Sie genug Zeit für die Vorbereitung auf das neue Teammitglied eingeplant, bevor der oder die Mitarbeitende zum ersten Arbeitstag erscheint?
- Wissen alle, die an dem Onboarding-Prozess beteiligt sind, was bis wann zu tun ist?
- Womit könnten Sie im Onboarding die sprichwörtliche Extrameile gehen, um den Einstieg außerordentlich gut zu gestalten?

Rollen und Verantwortlichkeiten – mit Klarheit zum Ziel

In unseren Projekten werden wir immer wieder mit diesem Thema konfrontiert: Mitarbeitende erwarten in der Regel eine klare Festlegung der Rollen und Verantwortlichkeiten von ihren Führungskräften – was nicht bedeutet, dass sie sich zu diesem Thema nicht einbringen wollen. Doch der Rahmen dazu muss von der Führungskraft vorgegeben werden. Das beginnt mit einem Organigramm und klaren, transparenten Stellenbeschreibungen. Werden Rollen und Verantwortlichkeiten klar und nachvollziehbar gelebt, wirkt sich das konstruktiv und positiv auf das Betriebsklima aus. Die Mitarbeitenden fühlen sich eher zuständig und übernehmen Verantwortung für ihren Arbeitsbereich.

Um Überschneidungen, Vertretungen und Informationswege deutlich zu machen, gibt es hervorragende Hilfestellungen. Das RACI-Modell beispielsweise bietet eine gute Übersicht darüber, wer für was zuständig und verantwortlich ist bzw. wer wen befragen oder über was informieren muss. Jeder Buchstabe steht für den Status der Zuständigkeit, für das To-do innerhalb des Prozesses (siehe Grafik).

Hinter den Buchstaben RACI stecken die folgenden Beschreibungen:
- **Responsible:** Das R steht für die Person, die für die Ausübung oder Durchführung einer Aufgabe verantwortlich ist.
- **Accountable:** Das A steht für die Person, die die komplette Verantwortung trägt. Sie ist in der Regel unterschriftsberechtigt.
- **Consulted:** Das C steht für die Person, die für die Ausübung der Tätigkeit konsultiert werden sollte, weil sie zum Beispiel relevante Informationen beisteuern kann.
- **Informed:** Das I zeigt auf, welche Person über den Verlauf informiert werden muss, weil die Ergebnisse zum Beispiel relevant für einen anderen Bereich sind.

Hotelzimmer	Rezeptionist	Verkaufs-mitarbeiterin	Verkaufsleitung	Housekeeping
Reinigung	I			R
Preisgestaltung	I	R	C/A	
Belegung	R			I
Check-in/Check-out	R			I
Marketing/Vertrieb			R	A

Bestenfalls sollte pro Aufgabe nur eine Person *accountable* und eine *responsible* sein, sprich die Letztverantwortung tragen sowie die Aufgabe durchführen. Es können hingegen mehrere Personen bei einer Aufgabe *consulted* oder *informed* sein, also zur Beratung herangezogen bzw. darüber informiert werden. Wenn für eine Aufgabe keine Person als *responsible* definiert ist, nennt man dies »lack of responsibility« – niemand erledigt die Aufgabe. Wenn mehr als eine Person *responsible* ist, spricht man von »overlap in responsibility« – zu viele tun dasselbe.

Wir empfinden die Arbeit mit dem RACI-Modell als sehr zielführend. Grenzt man Aufgaben und die daraus resultierende Verantwortlichkeit aber zu sehr ab oder macht Schnittstellen nicht gleichermaßen deutlich, kann das Modell auch zu Silo-Denken führen. Denn jeder schaut nur auf den Buchstaben, der mit seiner Position/Rolle versehen ist. Das führt dazu, dass Aufgaben nicht bearbeitet werden, Prozesse in die Länge gezogen werden, sich niemand zuständig fühlt etc. Hier können schnittstellenübergreifende KPIs oder Zielvereinbarungen helfen, die in regelmäßigen Meetings besprochen bzw. analysiert und abgestimmt werden.

Natürlich lassen sich Rollen und Verantwortlichkeiten auch über andere Modelle oder Tools (Verantwortlichkeits-Matrix, Rollen-Canvas, SCRUM-Rollenmodell etc.) abbilden und verständlich machen. Entscheidend ist, dass Sie sich Gedanken über dieses Thema machen, um Unzufriedenheit zu vermeiden und dem Betriebsklima ein gutes Fundament zu bieten.

Gedankenfutter

- Haben Sie klare Rollen und Verantwortlichkeiten definiert?
- Sind diese allen bekannt und einfach nachzulesen?
- Wie fördern Sie den Austausch innerhalb und außerhalb Ihrer Abteilung?
- Welche Meetings oder Round Tables fehlen vielleicht noch? Welche sind möglicherweise noch nicht zielführend?
- Bringen diese Meetings einen Mehrwert oder sind sie eher »Zeiträuber«?
- Wie regelmäßig überprüfen Sie, ob Rollen und Verantwortlichkeiten noch passend sind?
- Anhand welcher Signale können Sie aufkommendes Silo-Denken oder zu starre Strukturen erkennen?

Teamevents – mehr als nur gemeinsamer Spaß

Der womöglich spaßigste Bereich der sozialen Klimazone sind die Teamevents. Weihnachtsfeiern, Sommerfeste, Teambuilding-Workshops, Kochevents, das gemeinsame Erlebnis im Kletterpark oder Escape-Room oder auch ein Grillabend beim Chef oder der Chefin zu Hause – all das sorgt für gute Stimmung im Team und hat somit einen enormen Einfluss auf das Betriebsklima. Seien Sie kreativ und überlegen Sie genau, wie Ihre Mitarbeitenden ticken und was dem Team Spaß machen könnte. Einer unserer Kunden organisiert beispielsweise regelmäßige Camping-Ausflüge mit seinen Mitarbeitern (in diesem Fall waren es ausschließlich Männer). Die wohl abenteuerlichste war vermutlich die Tour bei 80 cm Neuschnee, mit einem Lagerfeuer zum Warmhalten und einer Flasche Whisky – ebenfalls zum Warmhalten, nehmen wir an. Die Mitarbeiter lieben diese gemeinsamen Ausflüge, und somit hat ihr Chef offensichtlich genau das richtige Event für sich und sein Team gefunden.

Mit einem anderen Kunden haben wir am ersten Abend eines zweitägigen Teambuilding-Workshops eine »Olympiade« mit verschiedenen, teils verrückten Disziplinen veranstaltet. Die Teilnehmer mussten puzzeln, ein Gedicht mit vorgegebenen Worten schreiben, Gegenstände mit verbundenen Augen ertasten oder Begriffe zeichnen, die ihre Kolleginnen und Kollegen erraten sollten. Es war eine pure Freude, die Spiellust der Teammitglieder – über alle Altersgruppen hinweg – mitzuerleben. Noch heute, ein Jahr später, wird im Unternehmen darüber gesprochen und gelacht.

Natürlich muss es nicht immer so ungewöhnlich zugehen. »Klassische« Teambuilding-Workshops sind in vielen Fällen ein guter Anfang. Sie dienen zum einen dem besseren Kennenlernen – außerhalb der täglichen Aufgaben. Zum anderen können sie auch mit neuem Wissen zu einem Thema, Modell oder Prozess verbunden werden. Wir nutzen in unseren Team-Workshops häufig eine Persönlichkeitsdiagnostik, die die Teilnehmer auf wissenschaftlicher und objektiver Basis über ihre individuellen Verhaltenspräferenzen, intrinsischen Motive oder Wertesysteme ins Gespräch bringt. Diese Analysetools schaffen eine gemeinsame Terminologie, lassen sich spielerisch und interaktiv vermitteln und bringen für jedes Teammitglied neue Erkenntnisse für den Umgang mit anderen und sich selbst. In den meisten Fällen führt dies zu einer besseren Interaktion im Berufsalltag, und nicht selten werden die neu gewonnenen Erkenntnisse auch mit in das Privatleben übernommen.

Diese Beispiele zeigen: Wenn Führungskräfte genau hinschauen und die Bedürfnisse ihrer Mitarbeitenden erkennen, dann können verrückte Ideen wie das Winter-Campen oder eine Koch-Olympiade wirkungsvolle Möglichkeiten sein, den Zusammenhalt zu stärken. Aber Vorsicht: Um bei Teamevents nicht in das eine oder andere Fettnäpfchen zu treten, sollten Sie beachten, dass jedes Teammitglied ohne Einschränkungen daran teilnehmen kann. Es sollte sich also niemand mental oder körperlich überfordert fühlen. In diesem Fall kann auch der weniger herausfordernde Besuch beim Italiener um die Ecke schon eine große Wirkkraft haben.

Achten Sie in jedem Fall bei der Planung eines Teamevents darauf, dass das Datum frühzeitig verkündet wird. So können sich alle Mitarbeitenden darauf einstellen.

Gedankenfutter

- Wann haben Sie das letzte Mal mit Ihrem Team etwas (Außergewöhnliches) unternommen?
- Wann könnten Sie das nächsten Teamevent durchführen?
- Gibt es jemanden aus Ihrem Team, der Sie bei der Ideensuche, Planung und Umsetzung unterstützen kann?
- Was könnten Events sein, die Ihnen und Ihren Mitarbeitenden Spaß machen?
- Welches war das beste Teamevent, an dem Sie je teilgenommen haben?
- Haben Sie schon einmal mit einem Persönlichkeitsmodell gearbeitet?

Erfolge feiern – Anerkennung für Erreichtes

Unserer Erfahrung nach ist das Thema »Erfolge feiern« häufig eine Frage der Mentalität und Kultur. Wenn wir mit internationalen Teams arbeiten, erleben wir oft, dass vor allem die amerikanischen Teilnehmenden weitaus positiver über ihre Erfolge berichten als ihre nordeuropäischen Kollegen. Ich, Frauke, erinnere mich noch sehr gut an meine ersten Jahre als Hoteldirektorin. Einmal im Jahr wurden wir nach Washington DC in die Unternehmenszentrale eingeladen, um mit über 500 Teilnehmenden auf eigens dafür konzipierten Events die Erfolge des abgelaufenen Jahres zu feiern. Jede*r, der oder die etwas Besonderes geleistet hatte, wurde auf die große Bühne geholt. Der Name des Hotels war in leuchtenden Buchstaben auf eine riesige Leinwand projiziert und der Sohn des Konzerngründers überreichte einen Award. Nach meiner ersten Teilnahme an diesem Event kam ich zurück in mein Hotel und hatte nur ein Ziel: Ich wollte auch einen Award und so gefeiert werden. Dieses Erlebnis war Ansporn genug, Erfolgen auch hierzulande mehr Aufmerksamkeit zu schenken und die Mitarbeitenden daran zu erinnern, was sie erreicht und geleistet haben. Ganz nach dem Motto: Tue Gutes und sprich darüber. Also haben wir in Townhall-Events Mitarbeitende über Erfolgsgeschichten berichten lassen, Anerkennungskarten eingeführt und die Honorierung besonderer Leistungen in die Abteilungsmeetings integriert.

Um das Thema »Erfolge feiern« nicht nur im Unternehmen allgemein, sondern auch innerhalb Ihres Teams zu fördern, könnten Sie beispielsweise ein Feier-Komitee ins Leben rufen. Dieses ist dafür zuständig, kreative »Feier-Ideen« zu entwickeln. Sie können das Thema unter der Rubrik »Erreichtes« auch als festen Agenda-Punkt mit in Ihre Abteilungsmeetings nehmen. Auch abteilungsübergreifende Besprechungen, Townhalls oder Jahresfeste eignen sich gut, um besondere Leistungen und gemeinsam Erreichtes zu zelebrieren. Die Belegschaft wird es Ihnen aber nur dann danken und sich auch wirklich geehrt und angesprochen fühlen, wenn Sie das damit verbundene Lob auch ernst meinen. Erfolge zu feiern bedeutet auch, etwas mehr Leichtigkeit in den Arbeitsalltag einziehen zu lassen, sich zu freuen und stolz auf das zu sein, was das Team täglich leistet.

⌗ Gedankenfutter

- Wie ist Ihre persönliche Haltung zum Thema »Erfolge feiern«?
- Gehen Sie gedanklich die letzten sechs bis zwölf Monate zurück: Welche Erfolge wären es wert gewesen, gefeiert zu werden?
- Wann haben Sie das letzte Mal einen Erfolg mit Ihrem Team zelebriert?
- Wann wurde das letzte Mal einer Ihrer Erfolge gefeiert?
- Welche Ihrer Mitarbeitenden wären als Feier-Komitee-Mitglieder geeignet und hätten Lust dazu?
- Welche Ideen fallen Ihnen spontan zum Feiern von Erfolgen ein?
- Welches Ereignis liegt noch nicht zu lange zurück und könnte direkt morgen gefeiert werden?

Trauer am Arbeitsplatz – Unterstützung statt Sprachlosigkeit

Vielleicht wundern Sie sich gerade oder stellen sich die Frage: »Trauer am Arbeitsplatz – was hat das in einem Buch über Betriebsklima zu suchen?« Trauer ist kein alltägliches Thema und erst recht keines, über das wie selbstverständlich gesprochen wird. Dabei kann Trauer so weitreichende, so allumfassende Auswirkungen haben, dass normales Arbeiten nicht mehr möglich ist – für die Einzelnen, aber auch für ganze Teams oder Abteilungen. Trauer kann durch den Verlust eines geliebten Menschen ausgelöst werden, durch Fehlgeburten oder Trennung, aber auch durch eine schwere Erkrankung eines nahen Angehörigen. Trauer und der Umgang mit ihr ist individuell. Trauernde Menschen können in diesem Prozess die unterschiedlichsten Emotionen verspüren: Traurigkeit, Wut, Schuldgefühle, Angst, Einsamkeit, Erschöpfung, Hilflosigkeit, Schock, Sehnsucht, Befreiung oder auch Erleichterung. Genauso individuell sind auch die körperlichen und seelischen Folgen von Trauer. Viele Menschen leiden unter Schlaf- oder Konzentrationsstörungen, Stimmungsschwankungen oder sogar Depressionen, entwickeln ein Desinteresse an ihrer Umwelt, sind frustriert oder überempfindlich und ziehen sich sozial zurück. Einige Betroffene haben zudem große Schwierigkeiten, Entscheidungen zu treffen. Sie sind häufig wie gelähmt und fühlen sich in ihrer Trauer gefangen. Dass diese Emotionen und Reaktionen Auswirkungen auf die Stimmung im Unternehmen haben, liegt auf der Hand.

Trauer nicht übergehen

Ehrliche Anteilnahme und die Begleitung von Trauernden sollte nicht nur aus unternehmerischer, sondern auch aus menschlicher Sicht Aufgabe der Organisation und jeder einzelnen Führungskraft sein. Trauerbegleitung und -wahrnehmung im Unternehmen nützt allen:

- Sie kann die Arbeitskraft und Leistungsfähigkeit der Betroffenen schneller wiederherstellen bzw. aufrechterhalten.
- Sie kann präventiv vor gesundheitlichen Folgen wie einer Depression oder psychosomatischen Erkrankungen schützen.
- Sie erhöht die emotionale Bindung an das Unternehmen. Fluktuation und Fehltage können dadurch gesenkt und die Zufriedenheit am Arbeitsplatz gesteigert werden.
- Ehrliche und empathische Fürsorge – durch externe Trauerbegleiter*innen oder auch innerhalb des Teams, wenn beispielsweise ein Kollege oder eine Kollegin verstirbt – hat eine positive Strahlkraft auf den Rest der Belegschaft. Die Mitarbeitenden erfahren: »Hier bin ich nicht nur eine Nummer, sondern werde als Mensch wahrgenommen – mit all seinen Facetten.«

Vielen Mitarbeitenden geht es heute mehr um Selbstverwirklichung als um den reinen Erwerb von Brot und Lohn. Und da, wo sie sich mit all ihren Ressourcen, Kompetenzen und Fähigkeiten einbringen, sollten sie auch erwarten dürfen, dass ihnen in schlechten Zeiten beigestanden wird. Trauer ist ein Schock. Sie ist nicht frei gewählt und lässt sich nicht einfach abschalten, wenn der Computer morgens angeschaltet wird. Der Umgang und das Leben mit ihr wird jedoch einfacher, wenn die Verlustsituation anerkannt und die dahinterliegenden Emotionen gesehen werden – wenn Unterstützung statt Sprachlosigkeit erfolgt.

Rahmenbedingungen und Hilfsangebote schaffen
Im hektischen Firmenalltag ist häufig keine Zeit für intensive Trauerarbeit. Zudem besteht aufgrund der professionellen Beziehung zwischen Arbeitgebenden und Arbeitnehmenden sowie unter Kolleg*innen oft eine Hemmschwelle, sich diesem sehr emotionalen Thema zu widmen. Viele fühlen sich schlichtweg nicht in der Lage, angemessen zu reagieren oder konkrete Hilfe anzubieten. Nicht umsonst gibt es ausgebildete Trauerbegleiter*innen, die betroffene Menschen professionell auf ihrem Weg begleiten. Auch wenn zeitliche und emotionale Ressourcen fehlen, können Unternehmen entsprechende Rahmenbedingungen und Kommunikationsformen zur Verfügung stellen, um den Prozess leichter und die schwierigen Gefühle etwas erträglicher zu machen. Für einen guten Umgang mit Trauer am Arbeitsplatz sind die zwei wichtigsten Komponenten Awareness und eine Enttabuisierung des Themas und deren Auswirkungen. Dafür sollten insbesondere die wichtigsten Stakeholder und Vertrauenspersonen sensibilisiert und mit ins Boot geholt werden: Angestellte im Personalwesen, Führungskräfte, die Geschäftsführung, der Betriebsrat, Betriebsärzt*innen, Betriebspsycholog*innen, Seelsorgende oder Beauftragte für das betriebliche Gesundheitsmanagement. (Selbsterfahrungs-)Workshops zum Thema Trauer, Expert*innen-Vorträge auf »Gesundheitstagen«, die Bereitstellung von Info-Flyern und Broschüren, Artikel im hauseigenen Mitarbeitenden-Magazin oder Online-Kurse können dabei helfen, das Thema Trauer zu enttabuisieren.

Es ist wichtig, zu jeder Zeit auf Trauerfälle vorbereitet zu sein. Unsere Empfehlung: Setzen Sie sich mit oben genannten Stakeholdern zusammen und entwickeln Sie – gegebenenfalls mithilfe professioneller Trauerbegleiter*innen – ein passendes Konzept. Die folgenden Fragen können Sie dabei unterstützen:

- Wie bzw. in welchem Rahmen sollte die Nachricht eines Todesfalls überbracht werden, wenn beispielsweise ein Kollege/eine Kollegin oder auch ein Angehöriger/eine Angehörige eines/einer Mitarbeitenden verstorben ist?
- Wie können Traueranzeigen/Nachrufe gestaltet werden?

- Wie kann die Firma/das Team der Familie des/der verstorbenen Kollegen/Kollegin oder der Person, die jemanden verloren hat, kondolieren?
- Welche Unterstützungsangebote gibt es für Trauernde (Anpassung der Aufgaben und/oder Arbeitszeiten, Freistellungsmöglichkeiten, finanzielle Unterstützung für die Beerdigung, Wiedereingliederungspläne bei längerem Ausfall, externe Trauerbegleitung für Teams oder Einzelpersonen etc.)?
- Welche Rituale können genutzt werden, wenn ein Team, eine Abteilung oder die ganze Firma trauert (Kerzen anzünden, Schweigeminute, Blumen und Bilder aufstellen etc.)?
- Wie kann die Kommunikation mit Trauernden gestaltet werden (aktiv nachfragen, Gespräche anbieten, Fehler wie »Ignorieren der Situation« vermeiden etc.)?

Parallel zur Erstellung dieses Buches entwickeln wir gerade Konzepte für den Umgang mit Trauer am Arbeitsplatz. In diesem Sinne stehen wir Ihnen für Beratungen und Begleitung gerne zu Verfügung.

Gedankenfutter

- Welche Erfahrung haben Sie bereits mit dem Thema Trauer am Arbeitsplatz gemacht?
- Gibt es Ideen und Angebote für Betroffene in Ihrem Unternehmen?
- Was glauben Sie, wie gute Kommunikation in solchen Fällen vonstattengeht?
- Wer in Ihrem Unternehmen könnte sich mit diesem Thema beschäftigen?
- Wie ist Ihre ganz persönliche Erfahrung mit dem Thema Trauer?

Die atmosphärische Klimazone

In der atmosphärischen Klimazone verorten wir Klima-Elemente, die für Menschen oft schwer zu greifen sind, manchmal fast feinstofflich wirken und dennoch einen elementaren Einfluss auf die gesamte Stimmung im Unternehmen haben.

Zwischenmenschliche Aspekte wie die gelebte Kollegialität, das Vertrauen, das untereinander herrscht, die Tatsache, ob Wissen geteilt oder gehortet wird, aber auch der »Flurfunk«, in dem sich häufig die aktuelle Stimmung im Unternehmen zeigt, gehören dazu. Genauso beeinflussen der Umgang mit Veränderungen oder die Meeting-Kultur des Unternehmens die Atmosphäre, denn sie prägen die Stimmung jedes und jeder einzelnen Mitarbeitenden unmittelbar und nachhaltig – im positiven und negativen Sinne. Lassen Sie uns auf den folgenden Seiten einige dieser Klima-Elemente und ihren Einfluss auf das Betriebsklima betrachten.

Vertrauen – die Basis guter Zusammenarbeit

Eine Gruppe ist ein Zusammenschluss aus Menschen. Ein Team ist ein Zusammenschluss aus Menschen, die sich vertrauen.

Überall und immerzu wird von Vertrauen als Voraussetzung für gutes Zusammensein gesprochen. Aber was ist eigentlich Vertrauen? Ich traue dir und du traust mir? Ich vertraue auf die positive Intention des anderen?

Vertrauen aufzubauen braucht Zeit, viel offene Kommunikation, Ehrlichkeit und Integrität. Und im Unternehmenskontext müssen eine gelebte Fehlerkultur, Wertschätzung und Anerkennung herrschen, damit schließlich auch vertrauensvoll zusammengearbeitet werden kann.

Ob Sie neue Projekte anstoßen, Strukturen und Pläne ändern oder neue Geschäftsfelder erschließen – achten Sie immer gut darauf, dass das in Sie und das Unternehmen gesetzte Vertrauen keinen Schaden nimmt. Wir haben in unseren Projekten rund um die Organisationsentwicklung immer wieder festgestellt, dass Vertrauen nicht unbedingt gefördert wird, wenn zu viele »Säue durchs Dorf getrieben werden«. Ganz im Gegenteil: Die Betroffenen fühlten sich – entschuldigen Sie die Wortwahl – »verarscht«. Sie fühlten sich nicht ernst genommen und integriert. Sie fragten sich, was denn die »neue Sau« an positiver Veränderung bringen soll, wenn doch alle anderen »Säue« auch keinen nennenswerten Unterschied gemacht haben. Der Schlüssel liegt hier wie so oft in der Kommunikation: Wenn offen und transparent über Geschehnisse und Pläne informiert wird, fällt es dem Menschen leichter, Vertrauen zu schenken. Auch wenn die Ergebnisse am Ende nicht die sind, die angekündigt oder vielleicht sogar vereinbart wurden, nimmt das Vertrauen keinen immensen Schaden, wenn regelmäßig und transparent über Änderungen informiert wird. Aber Achtung: Ist der Punkt erreicht, an dem das Vertrauen fundamental erschüttert wurde, kann man nicht einfach dort weitermachen, sondern muss zurück auf Start. In unserem Kapitel über die interne Kommunikation finden Sie weitere Anregungen, wie und über welche Kanäle diese aktiv gestaltet werden kann.

To-dos für mehr Vertrauen im Betrieb

Menschen, die oft enttäuscht wurden, fällt es zunehmend schwerer, zu vertrauen, geschweige denn Vorschussvertrauen zu gewähren. Dieser Vertrauensverlust führt das Betriebsklima früher oder später zurück in die Eiszeit.

Die folgenden »ungeschriebenen Gesetze«, Aktionen und Verhaltensweisen helfen dabei, Vertrauen im Unternehmen zu stärken:

- Vertrauliches muss vertraulich bleiben.
- Absprachen müssen eingehalten werden. Sollte dies nicht möglich sein, bedarf es einer umgehenden Erklärung.
- Gemeinsame Teambuilding-Events und Incentives können vertrauensbildend wirken, da sich die Menschen auf eine andere Art und Weise erleben und kennenlernen.
- Auf die Expertise und das Fachwissen der anderen sollte vertraut werden – wir können schließlich nicht alles und jeden »kontrollieren«.
- Sie als Chef oder Chefin sollten sich regelmäßig hinterfragen: Ist mein Verhalten vertrauensbildend? Führungskräfte, die das Vertrauen ihrer Mitarbeitenden – wissentlich oder auch unabsichtlich – missbrauchen, demotivieren sie dadurch nachhaltig. Die Konsequenz ist dann oft Dienst nach Vorschrift und im schlimmsten Fall die Kündigung seitens des oder der Mitarbeitenden.
- Üben Sie sich als Führungskraft in Vorschussvertrauen. Anstatt dem Credo »Vertrauen ist gut, Kontrolle ist besser« zu folgen, gehen Sie zunächst immer davon aus, dass Ihre Mitarbeitenden vernünftig und im Sinne des Unternehmens handeln.
- Ein guter Aus- und Weiterbildungsplan unterstützt die Vertrauenswürdigkeit des Unternehmens. Mitarbeitende leiten daraus ab, dass der Betrieb an ihrer Entwicklung interessiert ist.
- Etablieren Sie eine gelebte Fehlerkultur.
- Schenken Sie ehrlich gemeinte Anerkennung und Wertschätzung.
- Fördern Sie einen respektvollen Umgang auf allen Ebenen.

Wird Ihr Vertrauen seitens der Mitarbeitenden ausgenutzt, sollten Sie Konsequenzen ziehen. Benefits wie Vertrauensarbeitszeiten oder die freie Wahl des Arbeitsortes müssen dann eventuell neu überdacht werden. Das angestrebte Ziel sollte aber immer sein, das Vertrauensverhältnis wieder aufzubauen, indem Sie den Gründen des Vertrauensbruchs nachgehen. Auch die Klärung von Vertrauenskonflikten unter Ihren Mitarbeitenden sollten Sie zur Chefsache machen. Packen Sie das darunterliegende Problem an der Wurzel und entwickeln Sie gemeinsam Maßnahmen zum Wiederaufbau des Vertrauens. Sehen Sie sich nicht in der Lage dazu, holen Sie sich Unterstützung durch HR-Kolleg*innen oder externe Expert*innen.

Gedankenfutter

- Haben Sie in Ihrem Team schon einmal die »Vertrauensfrage« gestellt?
- Was tun Sie konkret, um Vertrauen zu fördern?
- Welchen Vertrauensverlust haben Sie schon erfahren und was haben Sie daraus gelernt?
- Wie gehen Sie damit um, wenn sich Teammitglieder untereinander nicht vertrauen?
- Haben Sie das Gefühl, dass Ihre Mitarbeitenden mit ihren Sorgen, Nöten und Problemen zu Ihnen kommen?
- Inwieweit vertrauen Sie Ihren Kollegen*innen und Vorgesetzten?

Kollegialität – den Zusammenhalt gestalten

Im Berufsleben verstehen wir unter dem Begriff Kollegialität das Verhalten von Mitarbeitenden untereinander, was im besten Falle von guter Zusammenarbeit und Friedfertigkeit geprägt ist. Damit ist die Kollegialität ein Kernelement des Betriebsklimas. Wenn Menschen sich gut verstehen, Hand in Hand arbeiten und der Umgang miteinander respektvoll und achtsam ist, sind das die besten klimatischen Voraussetzungen für traumhaftes Wetter.

Den gegenteiligen Effekt erreichen die »Störenfriede« im Unternehmen, die sich mit Absicht unkollegial verhalten und Zusammenarbeit sogar sabotieren, indem sie beispielsweise Informationen zurückhalten, die Fehler anderer zelebrieren und dabei offensichtlich selbst keine Höchstleistung erbringen. Klärende Gespräche mit einer deutlichen »Ansage« sind hier unabdingbar. Sollte sich das Verhalten des betroffenen Mitarbeitenden trotz aller Gespräche nicht ändern, müssen Konsequenzen folgen, denn unkollegiales Verhalten hat mittel- und langfristig einen schlechten Einfluss auf das Betriebsklima.

Gute, fruchtbare Kollegialität wird durch die Persönlichkeit jedes/jeder Einzelnen im Team bestimmt. Je bedingungsloser die unterschiedlichen Persönlichkeiten akzeptiert und wertgeschätzt werden, desto reibungsloser, angenehmer und effizienter wird die Zusammenarbeit sein. Teamspirit entsteht dann, wenn die Beteiligten die Individualität des anderen besser verstehen und diese Andersartigkeit im positiven Sinne nützlich für alle ist. In den seltensten Fällen suchen sich Teammitglieder einander nämlich aus. In der Regel werden Teams aufgrund ihrer Fachkompetenzen »zusammengewürfelt«. Der soziale »Sympathie«-Faktor bleibt dabei häufig unberücksichtigt. Doch leider lässt sich Sympathie nicht verordnen. Sie kann nur entstehen, wenn sich alle besser kennen und verstehen lernen. Es gibt zahlreiche Möglichkeiten und Methoden, die dabei helfen. Die einen durchlaufen diverse Teambuildings, unternehmen abenteuerliche Wanderungen, bauen gemeinsam Flöße oder absolvieren einen Team-Kochkurs. Die anderen nutzen Persönlichkeits-Tools wie Insights Discovery®, das Reiss Motivation Profile®, das SCILprofile® oder die 9 Levels of Value Systems®. Sie unterstützen dabei, die unterschiedlichen Persönlichkeitsfacetten von Menschen zu analysieren und abzubilden. Ganz nach dem Motto: Verstehe dich selbst, dann ist es leichter, auch die anderen in ihrer Andersartigkeit ein- und wertzuschätzen. (Einen Überblick über die bekanntesten Persönlichkeitsanalysen finden Sie im »Handbuch der Persönlichkeitsanalysen: Die führenden Tools im Überblick«, herausgegeben von Markus Brand, Frauke Ion und Sonja Wittig.)

Gedankenfutter

- Wann haben Sie das letzte Mal als Teammitglied oder auch Teamleiter*in eine Teamentwicklung mitgemacht oder sogar initiiert?
- Wie gut kennen sich die Teammitglieder im Hinblick auf ihren einzigartigen Wert für das Team?
- Was tun Sie dafür, dass sie sich untereinander besser kennen- und verstehen lernen?
- Auf welche kollegialen Hilfestrukturen können Sie in Ihrem Team zurückgreifen?
- Wie gehen Sie auf die unterschiedlichen Persönlichkeiten in Ihrem Team ein?
- Was können Sie konkret tun, um die Kollegialität zu fördern?

Fehlerkultur – die Chance, voneinander zu lernen

Die Atmosphäre eines Unternehmens oder Teams lässt sich sehr gut spüren, wenn es um den Umgang mit Fehlern geht. In unserer beruflichen Tätigkeit als Organisations- und Personalentwickler sowie in den unzähligen Team-Workshops trat der Begriff Fehlerkultur in allen Facetten auf. Gut gemeint, in den meisten Fällen aber schlecht ausgeführt. Was ist denn eine Fehlerkultur? Eine Unternehmenskultur, in der Fehler begangen werden dürfen, ohne dass dies zu Sanktionen führt? Ist es eine Kultur, in der Fehler offen angesprochen werden und gemeinsam nach Lösungen gesucht wird? Oder ist es eine Kultur, in der Programme zur Fehlervermeidung etabliert sind? Sie sehen, die Betrachtung sowie die Beschreibung sind so vielfältig wie die Fehler, die Menschen machen. Obwohl wir unterstellen, dass niemand absichtlich Fehler begeht, ist es normal, dass dort, wo Menschen arbeiten, etwas produzieren, verkaufen, betreuen oder eine Dienstleistung erbringen, nicht immer alles glattläuft. Fehler sind menschlich und unabdingbar, denn aus ihnen lernen wir oft am meisten.

Für uns bedeutet Fehlerkultur all das oben Beschriebene, aber auch, dass wiederholte Fehler nicht ohne Konsequenzen bleiben dürfen. Das sollte ebenfalls Teil der Fehlerkultur sein. Eine Tatsache, die viele Mitarbeitende nicht wahrhaben, geschweige denn durchleben wollen. Am liebsten ist es uns doch, wenn ein Fehler nicht durch andere erkannt, sondern noch schnell vom Verursacher selbst glattgebügelt, behoben oder korrigiert wird und danach alles wie gewohnt weiterläuft.

Wie sieht es in Ihrem Unternehmen mit der Fehlerkultur aus? Ist es nur ein Begriff, der immer wieder gerne herangezogen, aber innerhalb der Belegschaft unterschiedlich interpretiert und wahrgenommen wird? Wie ist der praktische Umgang mit Fehlern? Werden die Verursacher ausfindig gemacht? Oder wird eher nach Lösungen gesucht, wie Fehler in Zukunft vermieden werden können? Ist der Umgang mit Fehlern die Entscheidung der Führungskraft oder eine kollektive Betrachtung? Werden offensichtlich zu vermeidende Fehler bei einer Wiederholung mit Konsequenzen versehen oder schauen lieber alle weg – inklusive der Führungskraft –, um den »Frieden« zu bewahren?

Unsere Empfehlung an dieser Stelle: Nehmen Sie sich dem Thema an. Schaffen Sie Strukturen und Prozesse, in denen Fehler als Chance und Lernmöglichkeit gesehen werden. Nur so können Innovation und Kreativität entstehen, und eine »cover my ass«-Haltung wird vermieden.

Gedankenfutter

- Wie ist der Umgang mit Fehlern in Ihrem Unternehmen?
- Gibt es einen Prozess, der es ermöglicht, sich über Fehler und Lösungen auszutauschen?
- Wie werden Fehler entdeckt? Durch »Selbstanzeige« oder weil andere sie feststellen und melden?
- Trauen sich die Mitarbeitenden, offen über Fehler zu sprechen?
- Wie stellen Sie sicher, dass sich Fehler nicht wiederholen?
- Wie konsequent sind Sie, wenn sich Fehler wiederholen?

Konflikte – braucht keiner, hat jeder

Konflikte sind ein brisantes Thema, vor dem sich nicht wenige Führungskräfte gerne drücken. Wenn Gewitterwolken aufziehen, suchen wir schnell ein trockenes und geschütztes Plätzchen. Und das ist durchaus verständlich, denn wer wird schon gerne unvorbereitet nass? Dennoch sollte Konfliktklärung immer Chefsache sein. Denn wenn eine Führungskraft in der Lage und gewillt ist, Konflikte in ihrem Team zu erkennen und sich dieser anzunehmen, beweist sie echte emotionale Führungsqualitäten. Voraussetzung dafür sind diese vier Konfliktklärungs-Kompetenzen:

Kompetenz 1: Selbstreflexion – sich bei sich selbst gut auskennen
Wenn Sie Menschen führen, sollten Sie in der Lage sein, Ihr eigenes Denken, Handeln und Fühlen zu reflektieren. Nur so können Sie verstehen, weshalb Sie sich so verhalten, wie Sie sich verhalten, und welche Gefühle das vermutlich bei anderen auslöst.

Kompetenz 2: Empathie – die Gefühle der anderen verstehen
Die eigene innere Haltung zu kennen, ist die Voraussetzung, um andere Menschen zu verstehen und sich in sie einfühlen zu können. Dafür brauchen Führungskräfte Empathie – die Fähigkeit, Empfindungen, Gedanken, Motive und individuelle Persönlichkeitsmerkmale der/des anderen wahrzunehmen, zu verstehen und angemessen darauf zu reagieren.

Kompetenz 3: Impulssteuerung – den inneren Autopiloten stoppen
»Ich muss meine Emotionen ungefiltert rauslassen. Ich kann einfach nicht anders.« Diese Ausrede für emotionale Aussetzer in Konflikten gilt nicht. Zwar sind Verhaltensmuster in den Netzwerken unseres Gehirns festgeschrieben, sie lassen sich aber in Lern- und Übungsprozessen verändern. Das heißt: Es liegt allein in Ihrer Hand, ob Sie durch ein bestimmtes Verhalten Konflikte begünstigen oder klären.

Kompetenz 4: Metakommunikation – über Konflikte sprechen
Metakommunikation ist die »Kommunikation über die Kommunikation und Kooperation«. In Konflikten stehen selten inhaltliche Themen im

Vordergrund, sondern häufiger die Art und Weise der Zusammenarbeit. Als Führungskraft ist es Ihre Aufgabe, Konfliktgespräche über diese Themen zu führen bzw. zu moderieren. Mit der passenden Struktur fällt dies wesentlich leichter. Für uns hat sich die »Klärungshilfebrücke« von Dr. Christoph Thomann bewährt. Sie besteht aus insgesamt sieben Phasen: Vorbereitung, Einstieg, Verstehen der Standpunkte, Klären im Dialog, Lösungen entwickeln, Abschluss und Nachbereitung.

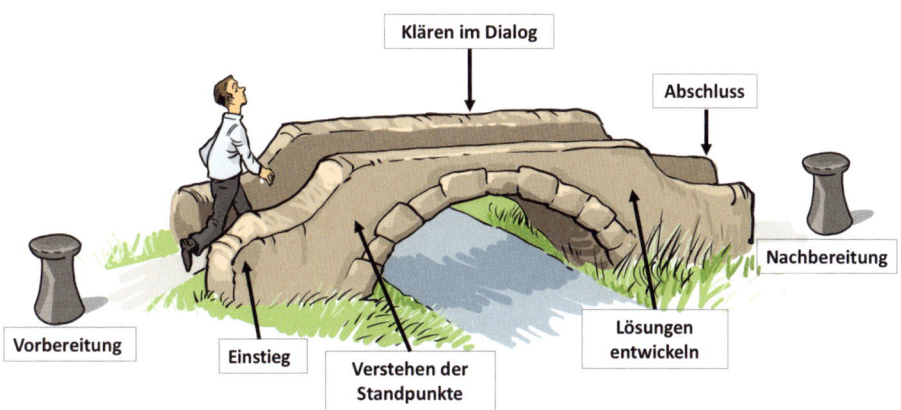

Die Klärungshilfebrücke – 7 Phasen der erfolgreichen Kommunikation über die Kommunikation

1. Vorbereitung

Die Vorbereitung eines Konfliktklärungs-Gesprächs umfasst zwei wichtige Aspekte: die Vorbereitung des Gesprächsrahmens und des Inhalts. Beachten Sie dabei folgende Aspekte:

- Wählen Sie den richtigen Zeitpunkt für das Gespräch. Als Faustregel gilt: Sprechen Sie den Konflikt so zeitnah wie möglich nach dem (wiederholten) Ereignis an – allerdings erst, nachdem sich die Emotionen wieder beruhigt haben.

- Planen Sie genügend Zeit für das Konfliktgespräch ein. »Zwischen Tür und Angel«-Gespräche enden äußerst selten mit einem guten Ergebnis.
- Wählen Sie einen geeigneten Ort. Chefbüro oder neutraler Treffpunkt? Sie sollten sich bewusst darüber sein, dass bei manchen Mitarbeitenden durchaus Unsicherheit entstehen kann, wenn Konfliktgespräche im Büro des Chefs oder der Chefin geführt werden. Wenn Sie das vermeiden wollen, sollten Sie sich in einem neutralen Besprechungszimmer treffen.
- Werden Sie sich über die Inhalte des Gesprächs bewusst. Eine gute inhaltliche Vorbereitung dient in erster Linie dazu, sich über sich selbst klar zu werden. Denn nur wer sich seiner Standpunkte bewusst ist, kann sie klar und konstruktiv nach außen kommunizieren. Wenn es darum geht, ein Konfliktgespräch zu moderieren, sollten Sie als Führungskraft Ihre Haltung zum Konfliktthema kennen und Ihre (Arbeits-)Beziehung zu den Konfliktparteien reflektieren.

2. Einstieg in das Gespräch
Begrüßen Sie den oder die Beteiligten freundlich und nennen Sie danach zügig den Grund für das Treffen. Wenn Sie dann an einem Tisch sitzen, geht es darum, einen guten Einstieg in das Gespräch zu finden und eine respektvolle Gesprächsgrundlage zu schaffen. Das gelingt in der Regel durch eine klare und direkte Formulierung des Themas, Anlasses und des Ziels.

3. Verstehen der einzelnen Standpunkte und Sichtweisen
Jeder Gesprächspartner hat nun Zeit, seine Sicht darzustellen, ohne vom anderen unterbrochen zu werden. Anschließend wird das eigentliche Thema genauer unter die Lupe genommen. Ziel dieser Phase ist es, dass alle Beteiligten die jeweiligen Sichtweisen verstehen. Achten Sie darauf, dass sowohl die sachlichen (Strukturen, Prozesse etc.) als auch die zwischenmenschlichen Aspekte (Gefühle, Kränkungen etc.) benannt werden. Wenn Sie als Konfliktmoderator*in fungieren, sorgen Sie zudem dafür, dass das Gespräch geordnet verläuft und jede*r gleichermaßen zu Wort kommt.

4. Klären der Themen im Dialog

Im Dialog werden die Hintergründe der zuvor angesprochenen Themen vertieft, geklärt und die zugrundeliegenden Konfliktursachen erforscht. Als Konfliktmoderator*in ist es Ihre Aufgabe, den Streitdialog zwischen Ihren Mitarbeitenden aktiv zu steuern und gezielt zu verlangsamen. So verhindern Sie, dass er im schnellen Schlagabtausch endet. Folgende Fragen eignen sich dafür:

- Was sagen Sie dazu?
- Wie reagieren Sie darauf?
- Können Sie das nachvollziehen?
- Akzeptieren Sie das?

Am Ende des Dialogs ist es hilfreich, die wichtigsten Aspekte noch einmal zusammenzufassen und die Punkte, in denen Übereinstimmung bzw. keine Übereinstimmung herrscht, zu benennen.

5. Lösungen entwickeln

In der Lösungsphase werden Vereinbarungen getroffen und idealerweise konkrete Lösungen entwickelt: Wie wollen wir zukünftig unsere Zusammenarbeit gestalten und verbessern? Welches sind die nächsten konkreten Schritte?

6. Abschluss

Geleitet von der Frage »Wie haben wir bzw. Sie das Gespräch erlebt?« wird das Gespräch in der Abschlussphase beendet und reflektiert.

7. Nachbereitung

In der Nachbereitung wird nach einigen Wochen Bilanz gezogen: Was hat sich in der Zusammenarbeit verändert und was nicht, welche Vereinbarungen wurden umgesetzt und welche nicht? Die Nachbereitung kann der Auftakt für regelmäßig durchgeführte Gespräche über die Zusammenarbeit sein.

Je nach Persönlichkeitstyp der Führungskraft ist das Führen von Klärungsgesprächen nicht unbedingt eine Kernkompetenz. Fordern Sie in diesem Falle Expertenwissen ein, um solche Situationen zum Wohle der Betroffenen und letztendlich zum Wohle des Betriebsklimas zu klären. Ausgebildete und qualifizierte Klärungshelfer*innen können Teams und einzelne Mitarbeitende in diesem Prozess begleiten.

Konflikte haben die Tendenz zu wachsen, je länger man sie ignoriert. Daher ist jedes Gespräch – ob mit Mitarbeitenden, Kolleg*innen, dem eigenen Chef oder der eigenen Chefin, als Konfliktmoderator*in oder Konfliktbeteiligte*r – immer eine Chance, Arbeitsbeziehungen zu fördern, das eigene Gesprächsverhalten zu verbessern, Arbeitsabläufe zu optimieren und die Effizienz zu steigern. Kurz: Klärende Gespräche tragen maßgeblich zu einem stabilen Betriebsklima bei.

Wenn Sie mehr über das Thema Konflikte klären am Arbeitsplatz erfahren wollen, dann werfen Sie einen Blick in das Buch »Konflikte klären ist Chefsache« von Frauke Ion und Barbara Kramer.

Krisen und Veränderungen – Wachstum gestalten

Konflikte und Veränderungen haben nicht zwingend denselben Nährboden, sind aber in ihren Auswirkungen und der damit verbundenen Emotionalität sehr wohl vergleichbar. Denn wenn die Emotionen, die durch Konflikte, Krisen oder Veränderungen hervorgerufen werden, keine Beachtung finden, geschweige denn adressiert werden, ist an eine Lösung nicht zu denken.

Wie gut der Zusammenhalt in Teams oder das Betriebsklima in der ganzen Organisation ist, zeigt sich am deutlichsten, wenn es zu Veränderungen oder Krisen im Unternehmen kommt. Viele vom Management angestoßene Veränderungen werden häufig schlecht kommuniziert. Bestenfalls teilt es der Belegschaft die reinen Fakten, neue Vorgehensweisen oder Deadlines mit. Wirklich emotional abgeholt werden die betroffenen Mitarbeitenden selten. Doch gerade in Veränderungsprozessen bewährt sich eine typgerechte Kommunikation, denn jeder nimmt Veränderungen unterschiedlich auf. Die einen Mitarbeitenden freuen sich darüber, dass endlich etwas Neues in Bewegung kommt, die anderen geraten unter einen großen Druck, weil sie nicht verstehen, warum eine Veränderung überhaupt nötig ist. Dann gibt es diejenigen, die diese neuen Wege selbstbewusst und kritisch hinterfragen, aber auch jene, die eher introvertiert und ängstlich der Dinge harren, die da kommen. Was uns in unserer Arbeit mit Teams und Führungskräften immer wieder auffällt, ist, dass das Betriebsklima vor allem dann leidet, wenn Veränderungen aus dem Unternehmen heraus angestoßen und nicht vernünftig kommuniziert werden. Wenn es um »von außen aufgezwungene« Veränderungen geht (beispielsweise, weil der Markt sich verändert, eine Preisanpassung nötig wird oder der größte Kunde weggebrochen ist), dann sind die Mitarbeitenden oft schneller zu überzeugen, dass es zukünftig anders laufen muss. Veränderungen, die von außen auf das Unternehmen einwirken und scheinbar unvermeidlich sind, verzeiht die Belegschaft schneller: »Da müssen wir halt alle durch«, »Besser, wir meistern das jetzt, sonst fällt es uns auf die Füße«.

To-dos in der Krise

Damit nach einem reinigenden Gewitter die Sonne wieder scheinen kann, braucht es eine gute (Krisen-)Kommunikation. Die gesamte Belegschaft sollte frühzeitig abgeholt, über Veränderungen informiert und in den Prozess involviert werden. Bringen Sie auch für schwierige Emotionen und Ablehnung Verständnis auf. Machen Sie Lösungsangebote und bieten Sie Alternativen an. Oder noch besser: Machen Sie Betroffene zu Beteiligten und lassen Sie die Mitarbeitenden selbst Lösungen entwickeln. Nutzen Sie Ihre internen Kommunikationskanäle, um volle Transparenz zu schaffen und jeden Mitarbeitenden zu erreichen. Vielleicht können Ihnen die Unternehmens-Ambassadeure helfen, Stimmungen einzufangen. Nur wenn Sie wissen, was Ihren Mitarbeitenden unter den Nägeln brennt, können Sie positiv entgegenwirken und das Betriebsklima lebendig halten. Ein Krisenplan hilft Ihnen dabei, einen kühlen Kopf zu bewahren – auch wenn es brennt.

Wenn Sie mitten in einer Krise stecken, ist es zu spät, präventiv zu sein. Das A und O ist hier, einen kühlen Kopf zu bewahren und schnell einen Krisenstab ins Leben zu rufen. Dieser sollte aus Vertreter*innen aller betroffenen Bereiche/ Abteilungen bestehen. Die wichtigste Aufgabe des Krisenstabs ist es, neben der Maßnahmenentwicklung für einen transparenten Informationsfluss zu sorgen. Dabei sollten die folgenden Fragen beantwortet werden:

- Wie ist der Status quo?
- Was wissen wir aktuell und was noch nicht?
- Was sind die nächsten Schritte?
- Was sind die Konsequenzen, wenn diese Schritte nicht gegangen werden?

Darüber hinaus können Sie Ihre Ambassadeure und/oder den/die FGM ins Boot holen, um den Krisenstab zu unterstützten, damit die Produktivität auf der einen und die Zuversicht auf der anderen Seite aufrechterhalten bleiben. Richten Sie sogenannte Sprechstunden ein, damit Mitarbeitende mit ihren Ängsten und Sorgen rund um die Krise eine Anlaufstelle haben. Auch den Flurfunk sollten Sie nutzen und gezielt füttern, denn nicht jeder geht proaktiv auf andere zu, um sich zu informieren oder seine Befürchtungen auszusprechen.

Bei großen, umfassenden Umstrukturierungen ergibt es Sinn, sich Unterstützung durch externe Berater*innen mit entsprechender Expertise zu holen. Organisationsentwickler*innen und Change Manager*innen sind dafür ausgebildet, nicht nur den Veränderungsprozess zu steuern, sondern dabei auch die Mitarbeitenden im Fokus zu behalten. Sie schauen mit der nötigen neutralen Distanz auf das Unternehmen, können sich aber gleichzeitig gut in die Menschen und die »sozialen Abläufe« des Betriebes hineinversetzen.

Grundsätzlich gilt: Eine etablierte Fehlerkultur und ein Klima des Vertrauens ermöglichen insbesondere in Krisensituationen, dass die Menschen experimentieren und sich trauen, unbekannte Wege zu gehen, da sie keine Angst vor Fehlern haben müssen. Schaffen Sie also rechtzeitig die nötigen Voraussetzungen.

⌗ Gedankenfutter

- Denken Sie an einen Veränderungsprozess zurück, der besonders schlecht gelaufen ist: Was hätten Sie retrospektiv anders machen können?
- Wie gehen Sie selbst mit Veränderungen um?
- Welche Maßnahmen können Sie nutzen, um in Veränderungssituationen die Emotionen der Mitarbeitenden einzufangen?
- Welche Mitarbeitenden könnten Sie zusammenbringen, die sich heute schon über ein anstehendes oder vermeintlich kommendes Veränderungsthema Gedanken machen könnten?
- Welche Personen wären besonders geeignet, im Falle einer Krise Mitglied des Krisenstabs zu werden?

Meeting-Kultur – Mehrwert für alle

Ähnlich wie mit der Fehlerkultur verhält es sich häufig auch mit der Meeting-Kultur: Sie wird oft erwähnt, immer wieder eingefordert, doch in aller Regel schlecht umgesetzt. In vielen Unternehmen ist das Wort »Meeting« gleichzusetzen mit »Zeitverschwendung«. Eine schlechte Meeting-Kultur führt demnach zu Frustration, Genervtheit und schlechten Ergebnissen. Die Art und Weise, wie in einem Unternehmen Meetings durchgeführt werden, hat somit einen erheblichen Einfluss auf das Betriebsklima. Wenn der Kalender vollgestopft ist mit Meetings, wir – online und offline – von der einen zur anderen Besprechung hetzen, aber zu keiner einzigen pünktlich erscheinen können, weil die Termine viel zu eng getaktet sind, dann ist das nicht nur ärgerlich, sondern auch höchst unproduktiv. Wie viele Meetings haben Sie in Ihrer beruflichen Laufbahn schon besucht, in die Sie keinen Mehrwert eingebracht und aus denen Sie keinen Mehrwert gezogen haben? Wurden in Ihrem Betrieb überhaupt schon einmal Sinn und Zweck der Meetings hinterfragt? Das eine oder andere Unternehmen hat sich dem Thema sicher schon einmal intensiver angenommen, Meeting-Regeln entworfen und diese an den Wänden der Besprechungsräume verewigt.

Doch damit ist es oftmals nicht getan. Eine effiziente Meeting-Kultur zu entwickeln, die einen individuellen *und* unternehmerischen Mehrwert bringt, ist ein langer und mühsamer Prozess.

Selbstbestimmung ist der erste Schritt

Die meisten (digitalen) Terminkalender sind heute nicht nur transparent, sondern werden von unterschiedlichen Personen gefüllt: Jeder, der berechtigt ist, kann einen Termin in den Kalender eines anderen eintragen. Ein »Schwarm« unterschiedlicher Menschen »bestimmt« den Ablauf unseres Arbeitstages. Der besteht dann häufig aus der Aneinanderreihung vieler Meetings – ohne wirkliche Vor- und Nachbereitungszeit. Oft kommt zudem das Gefühl auf, dass mal schnell ein Meeting aufgesetzt wird, damit man bloß nicht allein nachdenken muss. Oder Mitarbeitende werden nur aus politischen Gründen zu einer Besprechung eingeladen, obwohl sie an sich nichts zu dem Thema beitragen können. Aber besser, Frau X oder Herr Y war dabei und weiß Bescheid, dann wird die Verantwortung auf mehrere Schultern verteilt. Dieses Phänomen findet sich übrigens auch in vielen E-Mails wieder – nach dem Motto: »Du warst doch einkopiert und weißt, worum es geht!«

Plädieren Sie in Ihrem Unternehmen für Selbstbestimmung! Jeder sollte die alleinige »Entscheidungsgewalt« über seine Termine haben und frei entscheiden können, ob er oder sie die Teilnahme an dem jeweiligen Meeting für notwendig hält. Eine Absage sollte natürlich nachvollziehbar begründet werden. Zu einer gesunden Meeting-Kultur gehört übrigens auch, zu akzeptieren, wenn eigene Meeting-Einladungen abgelehnt werden.

Prinzipiell gibt es nur vier Gründe für ein Meeting:
1. zum Brainstorming,
2. zur Informationsweitergabe,
3. zur Motivation oder
4. zum Treffen von Entscheidungen.

Nutzen Sie diese vier Kategorien für den Aufbau Ihrer Meeting-Landschaft, um sicherzustellen, dass das Meeting Ziel und Zweck hat. Abhängig davon sollte auch ein passender Ort gewählt werden. Wenn die Teilnehmenden kreativ über den Tellerrand schauen und experimentieren sollen, ist der große Tisch in der Mitte wahrscheinlich nicht die passende Ausstattung. Besser wäre hier, viel freie Fläche zu bieten, um mit unterschiedlichen Materialien wie Pinnwänden, Flipcharts, Post-its, Metaplankarten usw. zu arbeiten. So können Gedanken, Ideen und Vorschläge viel eindringlicher visualisiert werden. Geht es hingegen um das Treffen von Entscheidungen, ist es essenziell, dass alle dafür notwendigen Informationen vorab mit ausreichend Zeit zur Verfügung stehen. Wird die Meeting-Kultur ernst genommen, weiß jeder Beteiligte, dass es auf seinen Beitrag ankommt, und er erscheint besser vorbereitet zum Termin.

Besprechungen »führen« – im wörtlichen Sinne

Eine wichtige Voraussetzung für gute Meetings ist eine gute Meeting-Leitung – das können sowohl Führungskräfte als auch Mitarbeitende sein. Nicht jedem ist diese Fähigkeit in die Wiege gelegt worden. Gezielte Schulungen, Moderationstechniken- und -methoden können dabei helfen, kompetenter, sicherer und experimentierfreudiger zu werden. Das gilt sowohl für Off- als auch für Online-Meetings. Vieles ist sehr ähnlich: Sie müssen eine Einladung versenden, die Plattform bzw. den Raum auswählen, sich vorbereiten, eine Agenda erstellen und verschicken sowie den Gesprächsverlauf steuern. Es gibt allerdings auch Unterschiede, die es in Online-Meetings zu beachten bzw. zu regeln gilt: das vermeintlich banale Einschalten der Kamera und des Mikrofons, die Auswahl der passenden Methoden, um Teilnehmende zu aktivieren, sowie die professionelle Anwendung des technischen Know-hows. Im digitalen Raum können schließlich auch nur digitale Tools eingesetzt werden. Die Vielzahl von virtuellen Whiteboards, Umfrage-Tools und Dashboards ist groß. Deren Anwendung ist nicht immer selbsterklärend, viel falsch machen kann man aber auch nicht. Wichtig ist, dass Sie sich vorab gründlich in die digitalen Hilfsmittel einarbeiten, damit Sie diese zielführend anwenden können. Worüber wir uns in den digitalen Treffen mit Kunden und Teilnehmenden am häufigsten wundern – und zugegebenermaßen auch manchmal ärgern –, ist die aus Prinzip ausgeschaltete Kamera. Etwas provokant formuliert fragen wir dann, ob er oder sie in einem Präsenz-Meeting auch eine Mütze bis runter zum Hals zieht. Nicht selten lautet die Antwort: »Ich habe gar keine Kamera« oder »Meine Kamera ist kaputt«. Unserer Meinung nach mangelt es hier nicht nur an einer Meeting-Kultur, sondern vor allem an einer Besprechungs-Etikette, die in der Online-Welt sicher ein paar zusätzliche Parameter braucht: aus unserer Sicht eine klassische Führungsaufgabe.

Meeting-Etikette

Um Ihre Meeting-Kultur zu verbessern, empfehlen wir die Beantwortung dieser drei Fragen:

Warum wird »gemeetet«?
Der Grund eines Meetings bestimmt in aller Regel die Teilnehmenden, den Umfang (z. B. Zeit) und die Agenda. So wird neben jeder Meeting-Einladung immer auch eine Agenda mitgeschickt. Und gegebenenfalls kann der oder die Eingeladene entscheiden, ob er oder sie einen Beitrag leisten oder guten Gewissens ablehnen darf. Zudem hat die Meeting-Leitung einen klaren »Fahrplan«, und die Gefahr, dass die Agenda nicht beachtet bzw. befolgt wird, minimiert sich. Achten Sie darauf, dass nicht zu viel Zeit für den Rückblick auf die Vergangenheit aufgebracht wird, sondern genauso viel (wenn nicht sogar mehr) für das, was als Nächstes ansteht.

Wie wird »gemeetet«?
Stellen Sie sicher, dass jeder auch einen passenden Beitrag zum Thema beisteuern kann. Wenn immer nur dieselben sprechen und alle anderen zuhören, ihre E-Mails checken oder sich gedanklich schon mit anderen Themen beschäftigen, kommen Sie auch immer wieder zu denselben Ergebnissen.

Qualifizieren Sie Ihre Mitarbeitenden durch Schulungen oder Tutorials dazu, Meetings professionell zu moderieren. Bauen Sie nach jedem Meeting Feedbackschleifen ein, sodass aus »Fehlern« gelernt werden kann.

Je nach Meeting-Thema/-Grund ist es hilfreich, den passenden Raum auszusuchen. Ein nackter Tisch in der Mitte, um den alle mehr oder weniger in einer Konsumentenhaltung herumsitzen, fördert weder die Kreativität noch die Beteiligung.

Verzichten Sie auf wilde PowerPoint-Schlachten. Zu viel frontale Beschallung verhindert Interaktionen und erstickt offene Diskussionen im Keim. Es gilt auch hier: Weniger ist häufig mehr.

Was passiert mit den Ergebnissen des Meetings?
Sorgen Sie dafür, dass die Ergebnisse sowie abgeleitete Aufgaben mitgeschrieben werden und daraus nach dem Meeting ein Protokoll mit allen relevanten Informationen verfasst wird. Dieses sollte jedem – auch den Abwesenden – zur Verfügung gestellt werden. Der Termin für das Folge-Meeting sollte ebenfalls festgehalten werden. Besprechen Sie außerdem, wie mit den Ergebnissen umgegangen wird: Für wen sind die Informationen noch relevant? Wer wird wie darüber informiert?

Es schadet nicht, alle Meetings regelmäßig auf ihre Notwendigkeit hin zu überprüfen. Schaffen Sie dafür Raum und Zeit und lassen Sie die Mitarbeitenden eine Meeting-Landschaft entwerfen, die zielführend und ergebnisorientiert ist. Halten Sie nicht an alten Traditionen fest. Nur weil man die regelmäßigen Abteilungsleiter*innen-Treffen schon seit Jahren so durchführt, müssen sie nicht für ein weiteres Jahrzehnt bestehen bleiben. Klären Sie lieber, ob die Themen des Meetings für alle Abteilungen von gleichwertiger Bedeutung sind.

Gedankenfutter

- Wann haben Sie das letzte Mal eine Meeting-Inventur durchgeführt?
- Wie sind die Meetings in Ihrem Unternehmen aufgebaut (von der Einladung über die Agenda bis hin zur Durchführung und Nachbereitung)?
- Wie gut sind Ihre Mitarbeitenden geschult, Meetings effektiv und effizient zu moderieren?
- Hinterfragen Sie, ob die Mitarbeitenden an zu vielen Meetings teilnehmen?
- Wie wird in Ihrem Team mit Online-Meetings umgegangen und was könnten Sie hier noch verbessern?

Effizienz und Effektivität – die richtigen Dinge richtig tun

Was ist der Unterschied zwischen Effizienz und Effektivität? Hier unsere Lieblingsanalogie in Anlehnung an den Managementvordenker Stephen R. Covey: Effizienz ist, möglichst schnell die Leiter hochzuklettern. Effektivität ist, zu überprüfen, ob die Leiter an der richtigen Mauer lehnt.

Häufig werden die beiden Begriffe verwechselt oder inflationär benutzt, ohne sich des Unterschieds und der Auswirkung bewusst zu sein:

- Effizienz bedeutet, die Dinge *richtig* zu tun. Das gewünschte Ziel wird mit möglichst geringem Aufwand erreicht.
- Effektivität bedeutet, die *richtigen* Dinge zu tun. Handlungen führen zu einem Ziel bzw. haben einen der Zielerreichung dienlichen Effekt.

Im Idealfall kommt beides zusammen. Was Effektivität und Effizienz mit dem Betriebsklima zu tun haben? Eine Menge! Das Klima leidet, wenn alles nur auf Effizienz getrimmt wird. Wenn es nur darum geht, immer mehr mit immer weniger Ressourcen zu erreichen, dann geht das oft zulasten der individuellen Zufriedenheit und Kollegialität. Denn dort, wo keine Zeit mehr bleibt, ausführlich oder in Ruhe über etwas zu sprechen, arbeiten wir Menschen nicht gerne und auf lange Sicht auch nicht gut. Doch wie können beide Parameter zielführend zusammengeführt werden? Zum einen bedarf es konkreter Ziele bzw. Zielvereinbarungen. Ich kann nur einschätzen, ob meine Leiter richtig steht, wenn ich auch die Beschaffenheit der Mauer kenne. Insbesondere in komplexen Arbeitsfeldern, wo viele Menschen abteilungs-, unternehmens- und hierarchieübergreifend zusammenarbeiten (denken Sie zurück an unser VUCA-Kapitel), besteht eine Zielpluralität. Teilweise widersprechen sich ihre Ziele sogar. Hier ist es umso wichtiger, Stakeholder ins Gespräch zu bringen und den interdisziplinären Austausch zu fördern. Ohne diesen kann es sonst zu doppelter Arbeit, unnötigen Korrekturschleifen oder unterschiedlichen Interpretationen der Aufgabe kommen. Die Einzelaufgabe, die zum großen Ganzen gehört, wird nicht erkannt. Der Mensch verliert sich in Effizienz, ist dabei aber nicht effektiv.

Unabhängig von der Größe des Teams und der Komplexität der Aufgaben ist es essenziell, zu überprüfen, ob Zielklarheit und ein gemeinsames Verständnis des Weges dorthin bestehen. Fragen Sie daher aktiv nach und lassen Sie sich die getroffenen Vereinbarungen immer noch einmal erläutern. Damit ersparen Sie allen Beteiligten viel Frust und vermeiden ineffektives Arbeiten auf allen Ebenen.

Coveys Zeit-Matrix: Wichtig, dringend oder beides?

Um der Konfusion von Effizienz und Effektivität zu entkommen, empfehlen wir die Nutzung der Zeit-Matrix (nach Stephen R. Covey).

	Dringend	**Nicht dringend**
Wichtig	• Krisen • Dringende Probleme • Projekte mit Terminvorgaben Q1	• Vorbereitung • Vorbeugung • Planung • Aufbau und Pflege von Beziehungen Q2
Nicht wichtig	• Unnötige Unterbrechungen • Unwichtige Anrufe, Meetings, E-Mails, Berichte • Unwichtige Prioritäten anderer Q3	• Triviale Aktivitäten • Belanglose Telefonate • Zeitverschwender • Fluchtaktivitäten • Übermäßiger Medienkonsum Q4

Q1: Der Quadrant der Notwendigkeit
Laut Covey sollten Sie maximal 20 bis 25 Prozent Ihrer Zeit mit dringenden und wichtigen Aufgaben verbringen. In diesen ersten Quadranten (Q1) gehören all die Themen, die schwere Konsequenzen nach sich ziehen würden, wenn man sie nicht anginge, zum Beispiel die Beschwerde eines Top-Kunden, Produktionsstillstand, ein Betriebsunfall oder ein privates zeitkritisches Thema.

Q2: Der Quadrant der Effektivität
Der zweite Quadrant (Q2) »Wichtig, aber nicht dringend« sollte bis zu 65 Prozent der Aufmerksamkeit und Zeit bekommen. Auf Q2 haben Sie

unmittelbaren Einfluss, denn wenn Sie zum Beispiel Ihre Beziehungen pflegen, können Sie zu Projekten oder Themen auch mal Nein sagen, ohne dass die Beziehung darunter leidet. Auf diesen Quadranten sollten Sie sich fokussieren. Alles, was wir in diesem Quadranten verorten, bildet die Basis für ein gutes Management der anderen drei Quadranten. Er ermöglicht, dass Sie den anderen weniger Aufmerksamkeit und Zeit schenken müssen, sorgt für Nachhaltigkeit, Problemprävention und gute Beziehungen.

Q3: Der Quadrant der Täuschung

Der dritte Quadrant trägt die Überschrift »Dringend, aber nicht wichtig«. Die Dringlichkeit täuscht, da sich hier viele kleine Aufgaben versammeln, die wichtig für andere sind, aber nicht zwingend für Sie selbst. Darunter fallen Unterbrechungen, die Sie aus der Konzentration holen oder ablenken. Das können zum Beispiel Anrufe oder auch das permanente sofortige Antworten auf E-Mails sein. Maximal 15 Prozent Ihrer Zeit sollten Sie hierfür aufwenden.

Q4: Der Quadrant der Vergeudung und Maßlosigkeit

Q4 beinhaltet all das, was weder wichtig noch dringend ist. Er ist der Quadrant, der am ehesten vernachlässigt werden kann. Hier finden sich viele Tätigkeiten, die Zeit fressen, ohne einen Effekt zu haben oder wirklich zielführend zu sein. Ob es das Surfen im Internet oder übermäßiger Medienkonsum ist – wir alle haben unsere »Fluchtaktivitäten«, die, wenn sie übertrieben werden, auch nicht mehr unter Entspannung verbucht werden können. Diese Tätigkeiten gilt es also, weitestgehend zu vermeiden.

Schließen wir mit einem Zitat des Management-Experten Stephen R. Covey: »Der Schlüssel liegt nicht darin, für Ihren Plan Prioritäten zu setzen, sondern für Ihre Prioritäten Pläne zu machen.« Helfen Sie Ihren Mitarbeitenden, effizient und effektiv zu arbeiten, indem Sie klar über Ziele und Aufgaben sprechen und ihnen bei der Priorisierung helfen. Damit schaffen Sie ein gutes Gefühl für jede*n Einzelne*n und stärken gleichzeitig das Betriebsklima.

＃ Gedankenfutter

- Wie schätzen Sie Ihre Priorisierungsfähigkeit ein?
- Wie gut sind Sie darin, Aufgaben klar und deutlich zu delegieren? Und glauben Sie, dass Ihre Mitarbeitenden das genauso sehen?
- Wie können Sie Ihre Mitarbeitenden dabei unterstützen, ausgewogen effizient und effektiv zu arbeiten?
- An welchen Stellen fehlen Ihnen klare Zielformulierungen bzw. -vereinbarungen?
- Wie konsequent werden in Ihrem Team Prioritäten gesetzt und befolgt?
- In welchem Projekt oder Bereich sehen Sie das größte Verbesserungspotenzial für mehr Effektivität und was können Sie zur Steigerung beitragen?

Flurfunk – den inoffiziellen Kommunikationsweg nutzen

Bis hierher können Sie in Sachen Atmosphäre alles richtig gemacht haben: Sie haben ein stringentes Onboarding, eine gut durchdachte interne Kommunikation, Sie haben Ambassadeure gefunden und die Position der/des FGM etabliert. Und dennoch wird inoffiziell kommuniziert, gelästert und gemotzt. Gerüchte und Fake News werden verbreitet. Es gibt keinen Ort im Unternehmen, an dem nicht auch inoffizielle Kommunikationswege beschritten werden. Mit dem sogenannten Flurfunk verhält es sich ähnlich wie mit Gerüchten: Ein Funken Wahrheit ist immer dran. Wir möchten den Flurfunk aber keinesfalls verdammen oder kleinreden, denn er hat einen enormen Einfluss auf das Betriebsklima. Schwierig wird es nur dann, wenn der Flurfunk der einzige Kommunikationskanal ist und die »offizielle« interne Kommunikation nicht gefördert wird. Als Führungskraft sollten Sie bemüht sein, genug Flurfunk mitzubekommen. Verweilen Sie dazu auch an »Flurfunk-Hot-Spots«, die sonst eigentlich nicht auf

Ihrem Weg liegen. Hören Sie gut zu, hinterfragen Sie das Gehörte, finden Sie heraus, woher die Information kommt, und greifen Sie ein, wenn der Flurfunk Dimensionen annimmt, die schädlich für Einzelne oder das Unternehmen sind. Halten Sie sich informiert, indem Sie gezielt auf Meinungsmacher*innen zugehen und fragen, was die Belegschaft gerade bewegt und beschäftigt. Ich, Frauke, habe das in meiner Zeit als Hoteldirektorin häufig getan. Als bekennende Raucherin bin ich regelmäßig auf dem Weg zur oder in der Raucherecke mit dem Betriebsrat ins Gespräch gekommen, ohne dass wir für eine Besprechung verabredet waren. Es gab immer interessante Neuigkeiten, die mich dazu animierten, aktiv zu werden, wenn es angebracht war.

Gerüchte und Falschmeldungen sollten dann über die offiziellen Informationskanäle revidiert und klargestellt werden. Auch die Ambassadeure können gezielt eingreifen, damit eine Weiterverbreitung von nicht Zutreffendem minimiert wird. Oder Sie nehmen Gerüchte mit Humor und Leichtigkeit und veröffentlichen ein »Best of Fake News« an passender Stelle.

Gedankenfutter

- Sind Sie in der Regel gut über die aktuellen »Flurfunk-Themen« informiert?
- Wen könnten Sie inoffiziell fragen, was die Mitarbeitenden beschäftigt?
- Wie lösen Sie »Fake News« auf?
- Wie viel Zeit nehmen Sie sich, um auch einmal »inoffiziell« in das Unternehmen hineinzuhören?

Silo-Denken – mit Transparenz gegensteuern

Der Duden definiert die Gemeinschaft als »das Zusammensein, -leben in gegenseitiger Verbundenheit«.[7] Diese Verbundenheit impliziert im besten Falle, dass sich jeder für die Belange des anderen interessiert oder sogar einsetzt. Ein sehr demokratischer und ehrenwerter Ansatz, in der Business-Welt aber nicht immer praktikabel – ist doch jede Führungskraft zunächst für ihren Bereich verantwortlich und wird an der persönlichen Zielerreichung gemessen. Honoriert werden selbst erbrachte Ergebnisse, eher selten das Zusammenwirken oder die Unterstützung anderer. Abweichende Abteilungs- und Firmenziele, Wettkampf um Ressourcen und Budgets, aber auch unterschiedliche Wissenshintergründe und Expertisen zwischen den Abteilungen verursachen ein Phänomen, das in jedem Unternehmen vorherrscht: Silo-Denken. Es verhindert Zusammenhalt, gegenseitige Unterstützung und gemeinsame Zielerreichung. Als Führungskraft bleibt meistens nur ein Mittel dagegen: Transparenz. Je mehr die Mitglieder einer Abteilung über die Arbeitsweisen einer anderen wissen und verstehen, welchen Einfluss das auf ihren Bereich hat, desto besser können Silo-Denken und Alleingänge vermieden werden. Nur wenn Mitarbeitende wirklich verstanden haben, wie viel Einfluss es wechselseitig gibt, sind sie auch bereit, sich mit »den anderen« auseinanderzusetzen.

Während unserer Arbeit mit Teams in Unternehmen stellen wir immer wieder fest, dass Workshops mit Schnittstellen zu mehreren Abteilungen viel Licht ins Dunkel bringen und die Zusammenarbeit nachhaltig verbessern. Daher empfiehlt es sich, Zeiten anzusetzen, in denen sich die Mitarbeitenden besser austauschen und verständigen können. Auch die Einführung von Job-Shadowing-Programmen kann dabei unterstützen, die Aufgaben anderer Personen besser zu verstehen und Unklarheiten oder Frust aus dem Weg zu räumen. Diese müssen auch nicht immer auf mehrere Tage angelegt sein. Schon ein halber Tag im Alltag von Kolleginnen und Kollegen kann blinde Flecken aufdecken. Gemeinsam mit einem unserer Kunden haben wir sogar ein »Job-Dating« etabliert: Zwei Mitarbeitende treffen sich online oder offline für zwei bis vier Stunden und führen sich gegenseitig in ihre Arbeitsabläufe ein. Sie können sich gegenseitig Fragen stellen und bei Bedarf

Feedback geben. »Job-Dating« ist eine ganz neue und andere Art, sich zu »beschnuppern«. Und wenn es gut läuft, verabreden sie sich ein weiteres Mal – wie im echten Leben.

Gedankenfutter

- Werden in Ihrem Unternehmen die Rollen und Verantwortlichkeiten so gelebt, dass Silo-Denken vermieden wird?
- Welche Warnsignale können Sie wahrnehmen, die ein Silo-Denken frühzeitig erkennen lassen?
- Welche Schnittstellen-Workshops oder regelmäßigen Treffen können Sie initiieren, um Silo-Denken gezielt entgegenzuwirken?
- Wie können Sie sich selbst besser im Unternehmen vernetzen, um Silo-Denken zu minimieren?
- Wie könnte ein Job-Shadowing oder Job-Dating bei Ihnen funktionieren?

Verbesserungen, Ideen, Innovationen – gemeinsam umsetzen

Mitarbeitende werden immer wieder dazu aufgefordert, Prozesse zu verbessern, innovativ und kreativ zu sein. Immerhin arbeiten sie an der Basis und wissen genau, was gut funktioniert und was nicht. Im Unternehmensvokabular wird diese Herangehensweise »Kontinuierlicher Verbesserungsprozess«, kurz KVP, genannt. Bei der Umsetzung hapert es allerdings in vielen Unternehmen. Zwar wird hier und da eine Box aufgestellt, in der die Mitarbeitenden ihre Ideen für Verbesserungen einwerfen können. Diese werden meist auch regelmäßig geleert, doch nicht selten verlaufen Ideen und Kreativprozesse im Sand. Der Grund ist nicht unbedingt fehlende Innovationskraft, sondern oft ein mangelhafter oder nicht etablierter Umsetzungsprozess. Verständlicherweise sind Mitarbeitende dann wenig bis gar nicht motiviert, ihre Ideen überhaupt oder noch einmal einzubringen.

Voraussetzung für eine stetige Verbesserung der Arbeitsqualität und Atmosphäre im Betrieb ist nicht nur das Engagement des Top-Managements, sondern auch der Wille der Belegschaft zur Veränderung. Dazu werden insbesondere die Kompetenzen aller Mitarbeitenden benötigt. Neben reinen Anreiz- und Vergütungssystemen braucht es Zeit, Nachhaltigkeit, ein klares Ziel und Transparenz. Wenngleich die Zufriedenheit der Kunden und Kundinnen die wichtigste Orientierung im KVP bleibt, muss die gesamte Belegschaft motiviert und zufrieden an einem Strang ziehen, um das gesetzte Ziel zu erreichen. Und das erfordert eine absolut klare Kommunikationsstruktur. Der Wunsch nach Effizienz als Grundlage für die Initialisierung eines KVP bedeutet für die Kommunikation zunächst das Gegenteil, nämlich Mehraufwand. Probleme, die früher sang- und klanglos unter den Teppich gekehrt wurden, müssen nun unausweichlich angesprochen werden. Doch am Ende lohnt sich dieser Einsatz auf ganzer Linie.

Ein Unternehmen durch eigene Ideen proaktiv mitzugestalten, ist für viele Mitarbeitende ein enormer Motivator. Ideen- und Feedbackboxen sind ein erster – wenn auch oft anonymer – Anfang. Warum aber nicht Kreativ-Meetings einberufen, in dem Ideen, Verbesserungen oder Innovationen nicht nur persönlich vorgetragen, sondern auch gemeinsam ausgearbeitet werden können? Warum nicht einen Raum schaffen, in dem sich die Entscheidungsträger wirklich Zeit für die Ideen ihrer Mitarbeitenden nehmen, wo gemeinsam weitergedacht, erarbeitet, ausgetestet werden kann? Führungskräfte, die ihre Mitarbeitenden ernst nehmen, ihnen Aufmerksamkeit, Beachtung und Wertschätzung schenken, nehmen einen enormen Einfluss auf das Betriebsklima.

Gedankenfutter

- Wie fördern Sie Innovationen in Ihrem Unternehmen?
- Haben Sie eine Ideen- oder Feedback-Box oder gibt es bei Ihnen Innovations-Meetings?
- Wie wird in Ihrem Unternehmen mit Verbesserungsvorschlägen seitens der Belegschaft umgegangen?
- Informieren Sie regelmäßig über die Ideen, die einzelne Mitarbeiter*innen oder Teams eingebracht haben?
- Wann haben Sie das letzte Mal Ihren kontinuierlichen Verbesserungsprozess (KVP) hinterfragt oder angepasst?
- Wann haben Sie die Erfolge, die aufgrund einer Idee aus der Belegschaft entstanden sind, gefeiert oder sogar mit einem Award gekrönt?

4.
Die Klima-Klammer

Generationendialog

Frauke: Eine Führungskraft im 21. Jahrhundert hat eine komplexe Aufgabe zu bewältigen. Rückblickend war der Job früher einfacher, weil eindimensionaler. Ich bin dennoch überzeugt, dass eine Führungskraft immer noch einiges vorgeben muss und sollte, damit die Mitarbeitenden eine Orientierung haben.

Sophia: Dem stimme ich weitestgehend zu. Führungskräfte sollten einen stabilen Rahmen bieten, in dem die Mitarbeitenden produktiv und zufrieden arbeiten können. Wie groß und flexibel dieser Rahmen ist, sollten alle Beteiligten allerdings gemeinsam erarbeiten. Dann ist ein gutes Betriebsklima auch kein Hexenwerk. Oft herrscht in Unternehmen das Credo des »Funktionierens« vor, Produktivität und Zielerreichung stehen im Vordergrund. Dass das Betriebsklima eine maßgebliche Voraussetzung für den Unternehmenserfolg ist, wird dabei oft vergessen. Natürlich ist es wichtig, die Produktivität im Auge zu behalten, um die Wirtschaftlichkeit zu gewährleisten und Gehälter zahlen zu können. Der einzelne Mensch mit all seinen Ressourcen, Bedürfnissen, Unzulänglichkeiten und Stimmungen darf dabei aber nicht auf der Strecke bleiben. Führungskräfte müssen hierfür Sorge tragen. Sie sind sogar der wichtigste Stakeholder.

Frauke: Genau. Denn letztendlich trägt die Führungskraft und/oder die Geschäftsführung die Endverantwortung. Deshalb bin ich auch nach wie vor der Meinung, dass sie das letzte Wort haben sollten – auch ohne sich vorher einem Konsensverfahren unterziehen zu müssen. Auch das Vetorecht als Führungskraft würde ich nicht aushebeln wollen. Als ich meine Führungslaufbahn begann, hätte ich mir gewünscht, aus unterschiedlichen Quellen gute Impulse zu bekommen, um dieser Rolle gerecht zu werden. Heute stelle ich mich Führungskräften als Sparringspartner zur Verfügung, damit sie einen optimaleren Weg gehen können. Ich rate ihnen aber auch immer, sich das Zepter nicht aus der Hand nehmen zu lassen.

Sophia: Lass uns gerne bei einer Weißwein-Schorle weiter darüber diskutieren. Du darfst dein Zepter dabei auch gerne behalten. Und on top bekommst du sogar noch ein paar Impulse aus der Generation Y.

Frauke: Genau so sieht Synergie zwischen den Generationen aus.

Herzlich willkommen in der Klima-Klammer. »Klima-Klammer?«, wundern Sie sich vielleicht. »Was soll denn das sein?« Die Klima-Klammer bringt die einzelnen Klimazonen und Klima-Themen zusammen – wie eine Büroklammer, die mehrere Blätter zusammenhält. Oder auch eine Akkolade {geschweifte Klammer}, die – übersetzt aus dem Französischen *(accolade)* – »feierliche Umarmung« bedeutet. In diesem Kapitel wird das Betriebsklima nun also »feierlich umarmt« und Sie bekommen die letzten 10 Prozent, den Glitzer auf der Geburtstagstorte, für einen erfolgreichen Stimmungs-Change mit auf den Weg.

Auf den vorherigen Seiten sind wir gemeinsam mit Ihnen durch die vier Klimazonen gezogen. Dabei haben wir eine betriebsklimatische Landkarte erstellt, mit der Sie nun für schlechte Witterungsverhältnisse in Ihrem Unternehmen oder Ihrem Team gewappnet sind. Wir haben uns angeschaut, welche (positiven und negativen) Klima-Treiber es gibt – von der unternehmerischen Ausrichtung und der räumlichen Ausstattung des Arbeitsplatzes über soziale Gegebenheiten bis hin zur atmosphärischen Komponente des Betriebsklimas. An vielen Stellen werden Sie unser #Gedankenfutter leicht und intuitiv beantwortet haben. An anderen war es vielleicht etwas kniffliger. So oder so sind Sie mit diesem Buch dem Stimmungs-Change – sofern gewünscht – ein gutes Stück näher gekommen. Mithilfe unseres Klima-Barometers am Ende dieses Buches können Sie zusätzlich noch eine weitere Analyse Ihrer klimatischen Verhältnisse im Betrieb vornehmen. Spätestens danach sollte es dann an die Umsetzung gehen. Ob diese erfolgreich verläuft oder nicht, hängt zu einem großen Teil von Ihnen ab.

Sie sind der größte Klimatreiber! Seien Sie sich dieser Verantwortung bewusst!

Reden wir nicht lange drumherum: Der Einfluss der Führungskräfte auf das Betriebsklima ist höher als der der Mitarbeitenden. Sie sitzen an den meisten Hebeln, oder anders ausgedrückt: Sie sind dafür verantwortlich, dass es nicht zu heiß, nicht zu kalt, nicht zu stürmisch oder zu regnerisch in ihrem Unternehmen ist. Das macht das Leben einer Führungskraft nicht gerade leicht. Es liegt in ihrer Verantwortung, die Bedürfnisse aller Beteiligten unter ein Betriebsdach zu bekommen. Eine große Herausforderung, denn der eine liebt die klirrende Kälte des Winters, die andere die schwüle Hitze des Sommers. Und wiederum andere brauchen gemäßigte Herbst- oder Frühlingstemperaturen, um sich wirklich wohlzufühlen und produktiv zu sein. Führungskräfte sollen in der Theorie also am liebsten »Wettergötter« sein, die »oben auf einer Wolke sitzend« die Klima-Strippen ziehen.

In der Praxis ist das aber oft eine Utopie. Viele Führungskräfte sind in unserer modernen Arbeitswelt so sehr in das operative Geschäft eingebunden, dass ihnen für das Führen im eigentlichen Sinne – nämlich einen Rahmen zu schaffen, in dem andere Höchstleistungen erbringen können – schlichtweg die Zeit fehlt. Oft müssen sie die Spezialistenrolle übernehmen und können nur nebenbei ihre Führungsaufgabe erfüllen. Kurz: Sie arbeiten mehr *im* Unternehmen als *am* Unternehmen. Aber auch diese Tatsache nimmt sie leider nicht vor der Verantwortung in Schutz, für das Wohlergehen der Belegschaft Sorge zu tragen. Denn wie in diesem Buch schon mehrfach erwähnt: Das Wohlbefinden jeder und jedes Einzelnen ist nicht nur förderlich für das Betriebsklima, sondern auch essenziell für die Produktivität und Leistungsbereitschaft, und sichert demzufolge das Überleben des Unternehmens.

Die gute Nachricht an dieser Stelle folgt nun aber auch sogleich: Sie als Führungskraft sind trotz Ihrer exponierten Stellung nicht allein zuständig für das Betriebsklima. Ihre Mitarbeitenden, Mit-Leitenden, die Geschäftsführung, Vorstände, Betriebsräte und Personalabteilungen sitzen ebenfalls mit im Klima-Boot und beeinflussen die Stimmungslage. Geben Sie Verantwortung für Teilbereiche auch in die Hände anderer. Üben Sie sich in Vorschussvertrauen und erlauben Sie, dass es oft besser ist, mit 80 Prozent zu starten, als auf 100 Prozent zu warten. Das klare Herausarbeiten von Rollen und Verantwortlichkeiten ist genauso hilfreich wie ein gutes Empowerment, das den Beteiligten die Möglichkeit gibt, innerhalb eines vorgegebenen Rahmens selbstständig zu agieren und zu entscheiden.

Nutzen Sie diese Gegebenheit und versuchen Sie, wann immer möglich, Mitstreitende für Ihr Projekt, den Stimmungs-Change, zu gewinnen. Damit Ihnen das gelingt, können Sie sich an unserem »How to get started«-Plan orientieren.

How to get started

Beginnen Sie mit einer Analyse, zum Beispiel mithilfe unseres Klima-Barometers in Kapitel 5. Befragen Sie möglichst viele Personen, damit Sie ein aussagekräftiges Ergebnis erhalten.

Holen Sie sich geeignete Mitstreitende ins Boot und planen Sie gemeinsam Ihre Prioritäten. Beginnen Sie – auch wenn es schmerzhaft ist – mit den »Pain-Points«, also mit den Bereichen, in denen aktuell noch Eiszeit herrscht.

Damit Sie und Ihr Team nicht die Motivation verlieren und auf halber Strecke aufgeben, sollten Sie zwischendurch leicht zu optimierende Bereiche angehen, um schnelle Erfolgserlebnisse zu erzielen. Vergessen Sie nicht, alle Maßnahmen offen und transparent zu kommunizieren und für den »Change« zu werben.

Auch wenn es hier und dort Rückschläge geben wird, bleiben Sie am Ball. Ändern Sie eventuell den Kurs oder lassen Sie ein Thema auch mal ruhen, um später mit klarerem Kopf wieder darauf zurückzukommen.

Stellen Sie sich darauf ein, dass Sie mit Widerständen zu kämpfen haben. Nicht alle werden »Hurra« schreien, dass jetzt wieder eine neue Sau durchs Unternehmen getrieben wird.

Legen Sie bei der Planung Ihren Fokus auf die richtigen, Erfolg versprechenden Ressourcen. Dabei kann Ihnen die gleich folgende 80/20-Regel helfen.

Die 80/20-Regel – die neuen 100 Prozent

Bei den meisten Veränderungen in Unternehmen lassen sich die Mitarbeitenden in vier Gruppen einteilen:

Erste Gruppe: Die Fangemeinde
20 Prozent der Belegschaft freuen sich über Veränderungen oder Neues. Sie engagieren sich, kommen mit Ideen und Vorschlägen.

Zweite Gruppe: Die verhaltenen Optimist*innen
30 Prozent sind verhalten optimistisch, sehen aber die Notwendigkeit und lassen durchaus mit sich reden bzw. lassen sich auf das Neue ein.

Dritte Gruppe: Die Pessimist*innen
30 Prozent reden hinter vorgehaltener Hand schlecht über das Vorhaben und seine Initiatoren, suchen das Haar in der Suppe oder starren in den Himmel und warten darauf, dass es endlich zu regnen beginnt. Sie stehen für das klassische »Pessimistentum«.

Vierte Gruppe: Die Widersacher*innen
Dann bleiben noch 20 Prozent der Belegschaft, die mit verschränkten Armen trotzig auf den Boden stampfen und sagen: »Da mache ich nicht mit. Ich kündige, aber ich bleibe.« Es sind diejenigen, die laut protestieren oder leise Ablehnung demonstrieren.

Sicher befinden sich unter den Widersacher*innen auch diejenigen, die nicht »nur« laut protestieren, sondern Ihr Vorhaben aktiv sabotieren, sich Verbündete suchen und gezielt schlechte Stimmung verbreiten. Bitte seien Sie hier konsequent: Konfrontieren Sie diese Stimmungsmacher*innen mit ihrem Fehlverhalten, und wenn alles Reden nichts hilft, lassen Sie den »Bus« anhalten und sie aussteigen.

Die Kunst bei der Umsetzung der 80/20-Regel liegt somit darin, sich *nicht* mit 80 Prozent der Ressourcen (Zeit, finanzielle Mittel, Technologien, Manpower etc.) auf die 20 Prozent der Widersacher*innen zu konzentrieren und sie mit aller Macht aus dem Unwetter ins Trockene ziehen zu wollen. Lassen Sie sie im Regen stehen. Nutzen Sie die 80 Prozent Ihrer Ressourcen lieber cleverer und fokussieren Sie sich auf die beiden 30-Prozent-Gruppen. Hier können Sie noch etwas bewegen, denn hier finden sich die Menschen, die das Betriebsklima und damit die Zukunft Ihres Unternehmens positiv beeinflussen wollen. Die übrigen 20 Prozent an Ressourcen brauchen Sie für Ihre Fangemeinde, damit diese nicht nur Sie unterstützt, sondern auch die 30-Prozent-Truppen mitzieht. Nur so können Sie die Basis für ein zukunftsfähiges Betriebsklima schaffen.

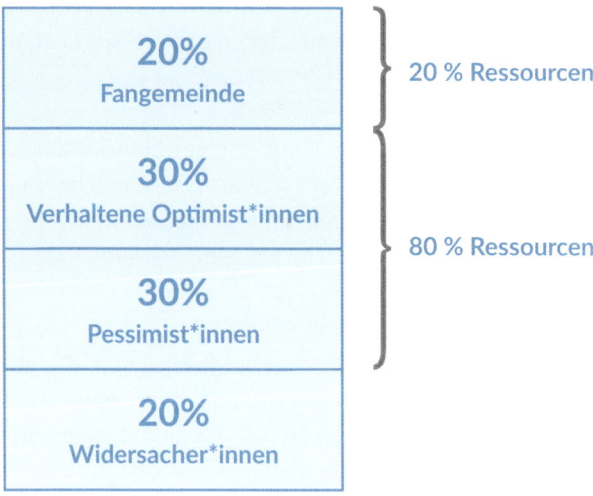

Es ist natürlich schwer zu sagen, was Unternehmen in fünf Jahren beschäftigen wird – vermutlich werden es Themen wie Digitalisierung, Rationalisierung, künstliche Intelligenz und Robotik sowie die vorschreitende Flexibilisierung der Arbeitszeiten und -orte sein. Außerdem stehen die Generationen Y und Z in den Startlöchern, die weitere Innovationen und neue Arten des Arbeitens mitbringen und erwarten. Sicher ist in jedem Falle, dass dort, wo Menschen zusammentreffen und gemeinsam arbeiten, eine Atmosphäre entsteht, die gemanagt werden will. Mitarbeitende wollen und müssen durch schwierige Wetterverhältnisse geführt werden. Vor allem in stürmischen Zeiten brauchen sie Stabilität und Verlässlichkeit. Denn genau wie das Wetter können auch die klimatischen Bedingungen im Betrieb wechselhaft sein. Sie unterliegen häufig ebenfalls »jahreszeitlichen« Schwankungen, und so kann es im Unternehmen schon mal feinstes Aprilwetter mit Sonne, Schnee- und Hagelschauern geben.

Der Dreh- und Angelpunkt für das Betriebsklima ist und bleibt die Kommunikation. Je besser Führungskräfte und Unternehmen kommunizieren, desto stabiler ist auch das Betriebsklima. Mitarbeitende, die sich gut informiert fühlen und ihre Hol- und Bringschuld ernst nehmen, erleben ihr Unternehmen als transparent, ehrlich und fair. Entscheidend sind dabei die genutzten Informationskanäle. Sind diese leicht zugänglich oder werden die Mitarbeitenden sogar visuell, zum Beispiel durch Push-Nachrichten, daran erinnert, dass es eine neue Information gibt, hilft das, den Informationsfluss aufrechtzuerhalten. Ob ein kurzes Video, ein Podcast, ein lustiges Posting in der gemeinsamen Messenger-Gruppe oder eine visuell aufbereitete E-Mail – es empfiehlt sich, unterschiedliche Kommunikationskanäle und -formate zu nutzen, um alle Persönlichkeitstypen gleichermaßen abzuholen. Wenn eine Information versendet wurde, fragen Sie ruhig gezielt nach, ob diese wahrgenommen und verstanden wurde, Zustimmung findet oder noch Klärungsbedarf besteht. Bei allem, was Sie rund um das Thema »Betriebsklima« tun, sollten Sie aber eines immer berücksichtigen: Wecken Sie Emotionen – Ihre eigenen und die Ihre Kolleg*innen und Mitarbeitenden.

5.
Exkurs – Generationen

Einen großen Einfluss auf das Betriebsklima haben die unterschiedlichen Generationen, die in jedem Unternehmen unwillkürlich aufeinandertreffen. Das kann sehr fruchtbar und synergetisch sein, manchmal aber auch zu Augenrollen, Missverständnissen bis hin zu schweren Konflikten führen. Früher war es normal, dass mehrere Generationen »unter einem Dach« lebten und arbeiteten. Heute sind wir mehr in Silos und Mikrokohorten, in Experten-Teams und Abteilungen verankert. Schauen wir auf die Arbeitswelt der letzten 20 Jahre, hat sich vieles so rasant verändert, dass die Gefahr einer Diskrepanz zwischen den Generationen ebenfalls rasant gestiegen ist. Die einen fühlten/fühlen sich von der Digitalisierung und den neuen technischen Möglichkeiten buchstäblich abgehängt, während es anderen nicht schnell und weit genug gehen konnte/kann. Ein Blick über den eigenen Tellerrand fällt allerdings oft schwer, weil Zeit und Raum fehlen, die Sichtweisen der anderen besser verstehen zu lernen.

Der Generationen-Mix – »Jung versus Alt« oder »Jung mit Alt«?

Jede Generation hat so ihre Schwierigkeiten mit der vorangegangenen oder nachkommenden Generation. Ob »Atomkraft, nein danke«, »Gleichberechtigung«, die »Vereinbarkeit von Beruf und Familie«, »Fridays for Future« oder auch einfach die Art und Weise sich zu kleiden, zu sprechen, Beziehungen zu führen – es gibt zahlreiche Themen, die zwischen den Generationen seit Jahr und Tag für Zündstoff und Diskussionen sorgen. Jede Bewegung, jede Phase und jedes Ideal hat und hatte seine Daseinsberechtigung, egal, ob »die andere Generation« das Engagement für das jeweilige Thema nachvollziehbar findet oder nicht. Nicht selten war diese »Reibung« auch genau das, was nötig war, um eine Veränderung in Gang zu setzen. Reibung, die positive Wärme erzeugt und kreative Lösungen und Synergien fördert, ist in Unternehmen immens wichtig. Doch damit die Wärme nicht in Hitze übergeht und einen Flächenbrand entfacht, brauchen Betriebe eine klare Führung, die jede Generation gleichermaßen fordert und fördert. Eine große Herausforderung, für die es keine allgemeingültige Erfolgsformel gibt. Selbst Unternehmen, die es geschafft haben, Hierarchien fast komplett abzuschaffen, ihre Mitarbeitenden aktiv in Unternehmensentscheidungen einzubeziehen und ihnen viel Freiraum zur eigenen Gestaltung zu gewähren, stolpern oft genug in Generations-Pfützen. Unternehmen mit einem stabilen Betriebsklima lassen sich dadurch nicht von ihrem Erfolgsweg abbringen. Sie holen sich zwar kurzzeitig nasse Füße, finden aber für das nächste Mal einen Weg an den Pfützen vorbei.

Lassen Sie uns Ihnen ein konkretes persönliches Beispiel aus unserem Arbeitsalltag geben. Wir sind ein Paradebeispiel für ein Autoren-Duo mit breitem Generationen-Mix, denn altersmäßig »trennen« uns 26 Lebensjahre. In den Jahren unserer Zusammenarbeit haben wir uns mehr als nur schätzen gelernt. Es gibt gefühlt keine Tabuthemen zwischen uns. Wir finden zwar viele Themen im Kontext des Betriebsklimas unterschiedlich wichtig, tauschen uns darüber aber offen und respektvoll aus. Diversity Management und das Gendern haben für mich, Sophia, beispielsweise einen viel größeren Einfluss auf die Stimmung im Unternehmen als für Frauke. Für mich, Frauke, ist Vielfalt immer schon eine Selbstverständlichkeit gewesen. Heute braucht es aber häufig ein strukturiertes Diversity Management, denn die Erwartungen und Anforderungen an den Umgang mit Diversität sind komplexer denn je. Daran muss ich mich erst einmal gewöhnen.

Auf unseren Autofahrten zu oder von unseren Workshops haben wir immer viel zu besprechen. Wir diskutieren leidenschaftlich und hinterfragen die Thesen des anderen. Ein Gespräch ist uns besonders im Gedächtnis geblieben. Es verdeutlicht die unterschiedlichen Sichtweisen zweier Generationen sehr gut und eindringlich. Wir sprachen allgemein über Sexismus und den Umgang damit in der heutigen Unternehmenswelt. Dabei kam es zu folgendem Dialog:

Frauke: »*Ich finde, wir sind ein gutes Beispiel für Gleichbehandlung unter Berücksichtigung der Individualität unserer Teammitglieder, oder?*«

Sophia: »*Na ja, im Grunde schon. Aber manchmal gibt es schon Bemerkungen, die man aus meiner Sicht als sexistisch bezeichnen würde.*«

Frauke: »Findest du? Nein! Das glaube ich nicht.«

Sophia: »Nun, da gibt es Momente, da wundere ich mich schon über das ein oder andere, was du sagst …«

Frauke: »Kann nicht sein.«

Sophia: »Doch. Erinnerst du dich, als wir die Büros umgeräumt und ich mit einer Kollegin die Tische getragen haben? Da hast du mir nicht nur einmal gesagt, wir sollen nicht so schwer heben. Wir wollen ja schließlich noch Kinder kriegen.«

Frauke: »Ja, stimmt. Wollt ihr doch, oder?«

Sophia: »Unabhängig davon, ob wir das wollen oder nicht: Was hat das mit dem Tischetragen zu tun? Wir sind doch diejenigen, die entscheiden sollten, was uns zu schwer ist und was nicht.«

Frauke: »Das hat doch nun wirklich nichts mit Sexismus zu tun. Ich wollte fürsorglich sein und vermeiden, dass ihr etwas tut, das euch körperlich schaden könnte.«

Sophia: »Die Fürsorge an sich ist ja nett, aber würdest du einem Mann in meinem Alter dasselbe sagen?«

Frauke: »Nein, ihn würde ich bitten, die Tische zu tragen. Denn für ihn hat es meistens keine Konsequenzen – sofern er den Tisch, und die sind echt schwer, richtig trägt.«

Sophia: »Du verstehst es nicht.«

Frauke: »Was gibt es da nicht zu verstehen? Männer sind im Allgemeinen physisch stärker als Frauen, können besser heben und tragen.«

Sophia: »Du sprichst mir aufgrund meines Geschlechts eine Fähigkeit ab, die ich durchaus habe und selbst einschätzen kann.«

Frauke: »*Ja, ich kann auch einen Tisch tragen, wenn er nicht zu schwer ist. Aber auch meine Mutter hat mich davon abgehalten und es meinem Vater oder Bruder überlassen. Männer haben nun mal mehr Kraft.*«

Sophia: »*Wenn du dich erinnerst, habe ich mehrfach erwähnt, dass es mir nicht zu schwer ist. Mir dann aber wiederholt zu sagen, dass ich das als junge Frau lieber lassen sollte (obwohl ich bereits diverse schwere Dinge genauso erfolgreich wie meine Kollegen von A nach B getragen habe), ist sexistisch.*«

Aus unserer Sicht eins von vielen Beispielen für einen Generationen-Clash im alltäglichen Miteinander. Die Unterhaltung führte auf beiden Seiten zu keiner Einsicht oder Einigung. Bis heute diskutieren wir nicht nur über diese Geschichte, wenn es um unterschiedliche Lebenserfahrungen, Sozialisierung und Sichtweisen geht. Hier ein kleiner Auszug weiterer »Top-Themen«, die für Zündstoff zwischen den Generationen sorgen.

Technik: Ein Fass ohne Boden!
Der Umgang mit neuen Technologien ist häufig besonders konfliktbehaftet. Ganz nach dem Motto »Technik, die begeistert« sind die jungen Digital Natives mit Smartphone, Internet und Co. groß geworden. Mit schnellen Klicks kommen sie an alle Informationen, die sie brauchen. Ihr Allgemeinwissen erweitern sie durch Google und YouTube-Tutorials. Diese Art der Wissen-Vermehrung funktioniert für sie hervorragend, ist für die älteren Generationen aber oft nicht nachvollziehbar bzw. weniger intuitiv nutzbar.

Konsum: Haben ist besser als brauchen!
Schauen wir uns den Umgang mit Konsum an, so werden einige essenzielle Unterschiede deutlich. Für die Generationen Babyboomer und X beispielsweise ist es eine Prämisse, etwas zu besitzen. Den jüngeren Generationen hingegen geht es eher um das Benutzen. Ein fester Schreibtisch oder ein eigenes Büro sind für sie kaum noch relevant. Flexible Arbeitszeiten und -orte hingegen umso mehr. Auch der

»klassische« Firmenwagen ist und war häufig ein erstrebenswertes Statussymbol der Babyboomer- und X-Generation. Die »Jungen« lassen sich davon häufig nicht mehr hinter dem Ofen hervorlocken. Mehr Freizeit und Urlaubstage, ein gutes Weiterbildungsprogramm oder ein berufsbegleitendes Studium sind dann schon eher attraktiv und nicht selten entscheidende Argumente bei der Wahl des Arbeitgebers.

Sprache: What did you say?
Eine der größten Herausforderungen zwischen den Generationen ist das Verständnis – und das meinen wir im wörtlichen bzw. sprachlichen Sinne: Oft scheitert ein guter Austausch unter den Generationsvertretern an der Art und Weise der genutzten Sprache. Der soziale Umgangston der Gen Y und Z ist häufig geprägt von Anglizismen, Abkürzungen und Emojis. Da braucht man als Mittfünfziger schon mal einen Translator, um zu verstehen, was »Lol« (Laughing out loud), »KP« (Kein Plan) oder »xoxo« (hugs & kisses) bedeuten. Die Abkürzung FML dürfen Sie an dieser Stelle gerne selbst googeln.

Auch das Thema »Gendern« wird von den unterschiedlichen Generationen unterschiedlich bewertet. Mir, Frauke, fällt es als Generation Babyboomer zugegebenermaßen schwer, eine gendergerechte Sprache zu nutzen. Ich störe mich nicht am männlichen Pronom, schließlich bin ich damit groß geworden. Die neuen Gender-Schreibweisen mit *innen oder :Innen empfinde ich als eine grammatikalische Verunglimpfung. Aber die Diskussionen mit Sophia über dieses Thema erweitern meinen Horizont. Sie helfen mir, mit jüngeren Generationen in den Diskurs zu gehen und vor allem auch, ein bisschen jung und modern zu bleiben.

Für mich, Sophia, ist es hingegen eine absolute Selbstverständlichkeit, zu gendern. Ich empfinde es als altmodisch, wenig wertschätzend und fast schon als respektlos, wenn nur die männliche Form genutzt wird. Bei anderen Themen profitiere ich aber von Fraukes Blick auf die Welt, der Erfahrung, die sie mitbringt und der daraus resultierenden Weitsicht, die mir sicher an einigen Stellen noch fehlt.

Sie sehen, dass es aufgrund der unterschiedlichen Sichtweisen auf diese und viele weitere Themen zu Missverständnissen oder sogar Konflikten kommen kann, ohne dass dies von den Generationsvertretern beabsichtigt wäre. Da können die Wolken am Betriebshimmel schon mal recht tief hängen. Ein modernes Unternehmen sollte sich daher die Mühe machen, die unterschiedlichen Anforderungen und Vorstellungen der Generationen ernst zu nehmen und wo immer möglich zu berücksichtigen. Ein Betrieb, der sich verjüngen möchte – was heute in allen Branchen notwendig ist –, muss sich intensiv mit den Ansprüchen der neuen Generationen auseinandersetzen. Nur dann wird er als Arbeitgeber attraktiv sein. Es gibt vielfältige Möglichkeiten, die Generationen miteinander ins Gespräch zu bringen:

- Mentorenprogramme fördern den Wissenstransfer und den Austausch.
- Motivations- und Anreizsysteme ermöglichen die Wissens- und Erfahrungsweitergabe von Alt zu Jung.
- Teambuilding-Events mit und ohne Persönlichkeitsanalysen als Basis können helfen, sich besser verstehen zu lernen und Gemeinsamkeiten zu entdecken.
- »Round Table«-Gespräche fördern den Austausch von Erwartungen.
- Mediale Vielfalt in der internen Kommunikation ermöglicht ein gemeinsames Verständnis und eine größere Reichweite. Die einen blättern gerne ausgiebig durch das Unternehmensmagazin, die anderen holen sich die relevanten Informationen mit ein paar schnellen Klicks aus dem Intranet.
- generationsübergreifende Incentives
- die Berücksichtigung der Generationenvielfalt im Onboarding-Prozess
- Beraterkonzepte für verrentete Mitarbeitende

Wenn Sie es schaffen, alle Klimathemen durch die Generationenbrille zu betrachten und die unterschiedlichen Bedürfnisse bei der Umsetzung zu berücksichtigen, steht einem konfliktfreien Arbeiten über Altersgrenzen hinweg nichts im Wege.

6.
Exkurs – So wird die Arbeit im Homeoffice nicht zur Klima-Katastrophe

Wir haben das Thema Homeoffice schon bei den Einflussfaktoren zum Betriebsklima angeschnitten. Es ist jedoch ein so umfangreiches Thema, dass wir nicht umhinkommen, es an dieser Stelle noch einmal intensiver zu betrachten. Es ist uns wichtig, dafür zu sensibilisieren und Sie zu ermutigen, sich bewusst damit auseinanderzusetzen. Denn das Homeoffice kann – je nach Unternehmensstruktur – im positiven Sinne ein Klima-Treiber sein.

Homeoffice ist und war vermutlich eines der meistdiskutierten arbeitsbezogenen Themen während der Corona-Pandemie. Bis heute ist es allgegenwärtig, und viele Büro-Mitarbeitende sind sich einig: Homeoffice ist gekommen, um zu bleiben. In zahlreichen Gesprächen mit Kunden, Teams, Kollegen oder Freunden ging es ohne Ausnahme allen so wie uns: Das Büro fehlt! Doch wir haben auch von vielen Menschen gehört, dass sie nach der Pandemie weiterhin – zumindest einige Tage in der Woche – von zu Hause aus arbeiten wollen. Diese Tendenz belegen auch diverse Studien der letzten Monate zum Thema Homeoffice. Das Bundesamt für Sicherheit in der Informationstechnik (BSI) beispielsweise hat etwa 1.000 Unternehmen zu dem Thema befragt und festgestellt, dass sich die Zahl der angebotenen Homeoffice-Arbeitsplätze aufgrund von Corona mehr als verdoppelt hat. In der Pandemie arbeiteten im Umfragezeitraum (zweites Halbjahr 2020) demnach durchschnittlich 64 Prozent der Beschäftigten voll oder teilweise im Homeoffice, vor Corona waren es 25 Prozent. 58 Prozent der befragten Unternehmen wollen das Homeoffice-Angebot nach der Pandemie aufrechterhalten oder sogar ausweiten.[8]

Eine Befragung im Auftrag der Hans-Böckler-Stiftung, an der zwischen Mitte und Ende Juni 2020 insgesamt 6.309 Erwerbstätige teilnahmen, fand Folgendes heraus:[9]

- 77 Prozent der Befragten finden, dass die Arbeit aus dem Homeoffice die Vereinbarkeit von Beruf und Familie erleichtert.
- 60 Prozent glauben, die Arbeit von zu Hause aus besser organisieren zu können als aus dem Büro.

- 53 Prozent gaben an, dass sie für ihren Arbeitgeber, ihre Kollegen*innen oder ihre Kund*innen länger erreichbar sind als vor der Pandemie.
- 37 Prozent der Befragten im Homeoffice arbeiten mehr Stunden als vor der Krise.
- 60 Prozent der Befragten, die im Homeoffice arbeiten, haben das Gefühl, dass die Grenzen zwischen Arbeit und Freizeit verschwimmen.

Insgesamt fielen die Beurteilungen positiver aus, wenn die Befragten für ein Unternehmen arbeiten, in dem es eine Homeoffice-Etikette gibt – also klare Regeln. Eine Forsa-Umfrage fand in diesem Zusammenhang heraus, dass sich jede*r vierte Beschäftigte im Homeoffice durch die Vorgesetzten nicht ausreichend wahrgenommen fühlt. Rund jede*r dritte Befragte klagte über gesundheitliche Beschwerden.[10]

Zeit für eine Veränderung

Die Corona-Pandemie wird die Arbeitswelt nachhaltig verändern – so viel steht fest. Das ist keine neue Erkenntnis, macht es aber umso wichtiger, sich Gedanken, um die Ausgestaltung und den Einfluss der Homeoffice-Arbeit auf das Betriebsklima zu machen. Denn was passiert mit der Stimmung im Unternehmen, wenn niemand mehr regelmäßig ins Büro kommt? Und was ist mit den Mitarbeitenden, die ihre Arbeit nicht von zu Hause aus verrichten können, weil es ihr Job einfach nicht zulässt? Können wir da noch von Gerechtigkeit und Fairness sprechen? Im Rahmen dieses Diskurses sollten in erster Linie immer die individuellen Bedürfnisse und Voraussetzungen im Fokus stehen. Denn es ist eine Typ-Frage und eine Frage der räumlichen Gegebenheiten, ob Homeoffice eine Option ist oder nicht. Arbeite ich gut »für mich allein« oder brauche ich den direkten Austausch mit Kolleginnen und Kollegen? Habe ich einen gut ausgestatteten Arbeitsplatz, die nötige Ruhe und eine IT, die nicht bei jeder Gelegenheit zusammenbricht? Kümmert sich meine Führungskraft trotz der physischen Distanz weiterhin in wertschätzender Art und Weise um das Team? Darüber hinaus ist der Wunsch nach Homeoffice auch eine Generationenfrage.

Wer kennt nicht das Bild junger Menschen, die mit Laptops auf den Knien und Kopfhörern auf den Ohren bei Starbucks sitzen und sich von nichts und niemandem ablenken lassen. Doch bevor wir uns jetzt in Generationen-Differenzierungen und Lebensstilen verlieren, möchten wir Ihnen lieber einige Geschichten aus unserer Berufs- und Lebenswelt mit auf den Wegen geben. Vielleicht finden Sie darin Inspiration für Ihren Umgang mit dem Thema Homeoffice.

Aus dem Nähkästchen

Mit dem ersten Lockdown wurde unser Geschäftsmodell ziemlich auf den Kopf gestellt. Plötzlich waren wir gezwungen, alle Workshops, Coachings, Teamentwicklungen und Meetings online durchzuführen. Wir erinnern uns dabei noch sehr gut an eine Workshop-Teilnehmerin, die mit Beginn der Corona-Pandemie aufgrund ihrer Vorerkrankung ins Homeoffice umziehen musste. Besagte Mitarbeiterin lächelte in die Kamera und schilderte sehr emotional, wie sehr sie sich freue, all ihre Kolleginnen und Kollegen wiederzusehen (in unseren Workshops herrscht Kamera-Pflicht). Ihr waren die inhaltlichen Themen, die anstanden, fast egal. Das hat uns sehr berührt, denn hier wurde deutlich, was mit geselligen Menschen passiert, wenn sie über einen langen Zeitraum keinen physischen Kontakt mehr zu ihren Kolleginnen und Kollegen haben. Der Workshop verlief sehr gut. Wir nutzten alle Methoden, die uns in der digitalen Welt zur Verfügung standen, um kurzweilige Interaktion zu schaffen. Am Ende der Online-Sessions baten wir die Teilnehmenden um ihr Feedback. Es war unschwer zu erkennen, dass besonders die Teilnehmerin, die seit Monaten allein von zu Hause aus arbeitete, mehr als nur gerührt war. Sie bat darum, solche Veranstaltungen öfter stattfinden zu lassen. Aber besonders freue sie sich auf die Zeit, wenn sie wieder ins Büro kommen und persönlichen, ja physischen Kontakt erleben könne.

Im Laufe des ersten Pandemie-Jahres sammelten wir so viele unterschiedliche Erfahrungsberichte von Mitarbeitenden im Homeoffice, dass wir allein damit ein ganzes Buch hätten füllen können. Viele erzählten uns, wie schrecklich sie die Arbeit im Homeoffice finden. Wie schwer es ist, sich zu konzentrieren, sich nicht ablenken zu lassen durch Haushalt, Kinder und das fünfte Klingeln des Paketboten. Es gab aber auch viele, die berichteten, dass sie fast ohne Pause vor dem Bildschirm sitzen und teilweise sogar vergessen, etwas zu essen. Die Anzahl an Mails sei noch mal gestiegen, denn vieles lasse sich nicht mehr wie früher schnell mal eben über den Schreibtisch hinweg mit dem Kollegen klären. Ihnen fehle der Weg mit dem Fahrrad zur Arbeit, der Plausch an der Kaffeemaschine oder in der Kantine, die Zigarettenpause mit der Kollegin und sogar der morgendliche Stau im Berufsverkehr.

Diese Gedanken und Emotionen kennen auch wir nur zu gut. Auch wir haben aufgrund der Verschiebung in den virtuellen Raum zu wenig Bewegung und Abwechslung. Es gibt Tage, an denen wir von morgens bis abends vor dem Bildschirm sitzen. Und Hand aufs Herz: Ich, Sophia, kann nicht sagen, jeden Tag im Homeoffice acht Stunden lang konzentriert und fröhlich arbeiten zu können. An manchen Tagen ärgere ich mich über meine vermeintliche Unproduktivität, doch dann wird mir klar, dass ich wahrscheinlich auch im Büro nicht unbedingt produktiver gewesen wäre. Dort hätte ich mich womöglich mit meinen Kolleg*innen in der Kaffeeküche unterhalten, hier und da eine rumpelige Ecke im Büro aufgeräumt, die Tür geöffnet, um das zehnte Paket für die Nachbarin anzunehmen, oder wäre durch laute Telefonate am Nachbarschreibtisch aus meiner Konzentration gerissen worden. Ich mache aus meinem Herzen keine Mördergrube, gehe offen mit Motivationslöchern um und kann mich dabei immer auf das Verständnis meiner Kolleg*innen und Chefs verlassen. Auf der anderen Seite wissen auch sie, dass ich zur Stelle bin, wenn es brennt. Dass das überhaupt möglich ist, liegt daran, dass bei uns im Institut für Persönlichkeit großes, gegenseitiges Vertrauen und eine gute Fehlerkultur herrschen – essenzielle Voraussetzungen für die Arbeit im Homeoffice. Das meinen nicht nur wir, sondern zeigt auch eine Untersuchung des Instituts für Betriebliche Gesundheitsberatung, die im TK-Dossier »Corona 2020« veröffentlicht wurde: »Eine der wichtigsten Voraussetzungen beim Arbeiten auf Distanz ist die Vertrauenskultur. Auch zu Hause möchten die Mitarbeiterinnen und Mitarbeiter einen guten Job machen. Vertrauen seitens des Arbeitgebers sorgt für Motivation.« Auch Kommunikation, sozialer Austausch und pünktlicher Feierabend seien wichtige Faktoren für eine gute Arbeit von zu Hause aus. So werden zum Beispiel Tandem-Programme im Kollegium vorgeschlagen, um die Interaktion gezielt zu fördern.[11]

Ich, Frauke, habe oft ein schlechtes Gewissen, weil ich mein Team physisch so selten sehe. Gemeinsam mit meinem Kompagnon versuchen wir, regelmäßige Online-Teamabende zu veranstalten, halten Jours fixes ab und ermutigen unsere Mitarbeitenden, bei Problemen jederzeit zu uns zu kommen. Wenn wir das Gefühl haben, etwas läuft aus dem Ruder, sprechen wir es kurzfristig an und suchen nach gemeinsamen Lösungen.

Individuelle Führung in digitalen Zeiten macht den Unterschied

Wir haben bereits an vielen Stellen dieses Buches herausgearbeitet, dass Sie als Führungskraft und Ihr Unternehmen als Arbeitgeber einen entscheidenden Beitrag für ein gelungenes Betriebsklima leisten und damit gleichzeitig ein (noch) attraktiverer Arbeitgeber werden können. In diesem Kontext bilden das Thema Homeoffice und das Führen auf Distanz keine Ausnahmen, sondern erfordern von Ihnen eine Extraportion Aufmerksamkeit, Einfühlungsvermögen, aktives Zuhören und Vertrauen. Selbstverantwortung und Eigenmotivation zu fördern, die Kontrolle über »Offline-Begegnungen« im Büro abzugeben und gleichzeitig seiner Fürsorgepflicht gerecht zu werden, ist ein echter Balanceakt. Gelingt Ihnen dieser? Nun dürfen Sie Farbe bekennen:

- Fällt es Ihnen leicht, Ihren Mitarbeitenden Vertrauen im Homeoffice entgegenzubringen? Wenn nicht: Woran liegt das?
- Welche Maßnahmen und Mittel nutzen Sie, um mit Ihren Mitarbeitenden in Verbindung zu bleiben, sie zu motivieren und zu fördern?
- Wissen Sie, wie es Ihren Mitarbeitenden geht? Was sie brauchen, um gut arbeiten zu können?
- Welche Gelegenheiten schaffen Sie, damit Austausch und Verbindung auch unter den Kolleginnen und Kollegen stattfindet?

- Wie können Sie einen Beitrag dazu leisten, dass es Ihren Mitarbeitenden zu Hause gut geht?

Damit das Arbeiten auf Distanz nicht zu einer Klima-Katastrophe wird, ist es wichtig, frühzeitig passende Maßnahmen und Kommunikationswege zu etablieren, die der internen Stimmung zuträglich sind. Lassen Sie sich dabei von den restlichen Kapiteln inspirieren und gehen Sie auch hier den Weg des offenen Dialoges mit Ihren Mitarbeitenden. Schaffen Sie klare Regeln und regelmäßigen Austausch. Sorgen Sie für eine gute Ausstattung und achten Sie darauf, Mitarbeitende aller Generationen gleichermaßen »digital mitzunehmen«. Das Betriebsklima ist nicht an einen Ort gebunden – es entfaltet seine positive Kraft auch über Distanz.

7.
Das Klima-Barometer

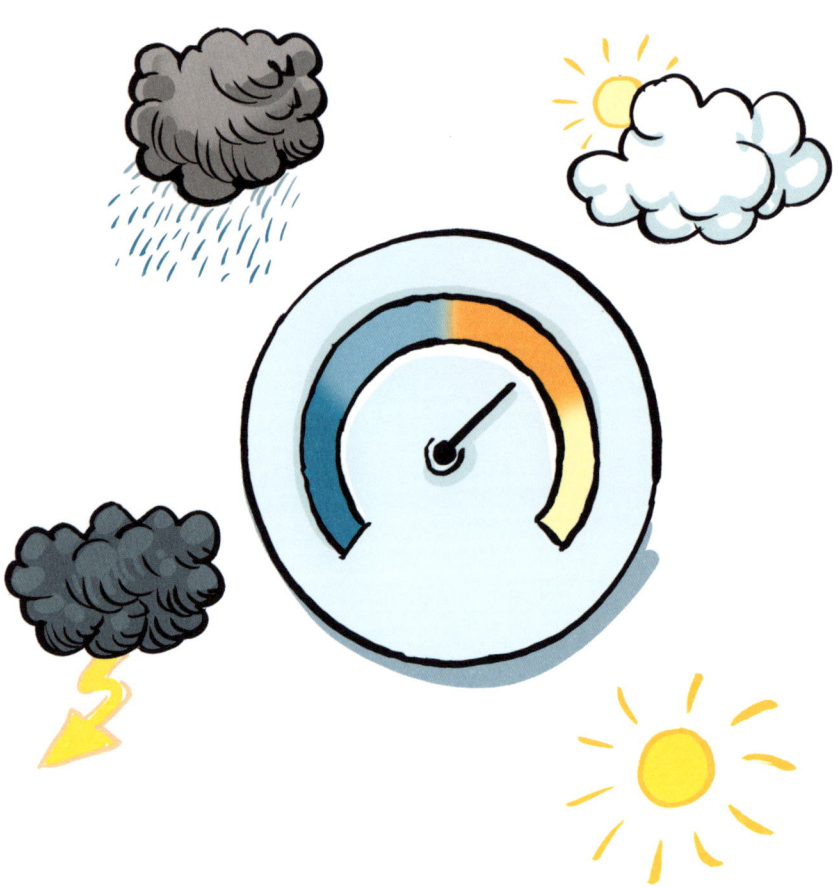

Nach der Reise durch die vier Klimazonen ist es jetzt an der Zeit, das eigene Betriebsklima mithilfe unseres Klima-Barometers zu erforschen. Dabei kann es sich zunächst nur um Ihre subjektive Einschätzung handeln. Da wir davon ausgehen, dass Sie ehrlich zu sich sind, könnte Sie das Ergebnis bereits dazu anstiften, aktiv zu werden und einen Klimawandel anzugehen.

Finden Sie jetzt heraus, in welcher Klimazone Sie sich innerhalb Ihres Unternehmens, Ihrer Abteilung oder Ihres Teams aktuell befinden. Sie können das Klima-Barometer auch mehrfach, für die verschiedenen Systeme, in denen Sie sich bewegen, ausfüllen. So kann das Klima innerhalb des Teams, das Sie führen, anders aussehen als das Ihres Projektteams, in dem Sie selbst mitwirken. Oder Sie schauen sich an, wie es um die klimatischen Bedingungen in Ihrem Leitungsteam bestellt ist.

Welches System Sie auch analysieren wollen: Bewerten Sie die nachfolgenden Kriterien intuitiv und spontan. Pro Aussagenblock können Sie jeweils nur eine Aussage ankreuzen.

In welcher Klima-Zone befinden Sie sich?

Nr.	✔	Aussagen
1		Meine Führungskraft nimmt sich proaktiv Zeit für mich und meine Belange.
		Ich sehe meine Führungskraft regelmäßig und, wenn ich einen Termin vereinbare, auch mit ausreichend Zeit.
		Ich sehe meine Führungskraft nur selten, da nie genügend Zeit ist.
		Ich sehe meine Führungskraft nur in Meetings und bei Problemen.

Nr.	✔	Aussagen
2		Ich erledige die meisten meiner Aufgaben gerne und gewissenhaft, frage mich aber öfter nach dem Warum.
		Meine Aufgabe erfüllt mich vollkommen, bereitet mir Freude und ich sehe meinen Beitrag zum Großen und Ganzen.
		Die meisten meiner Aufgaben machen mir wenig Freude, weil ich nicht weiß, worauf sie einzahlen.
		Meine Aufgabe ist sinnvoll, macht meistens Spaß und ich erkenne den Nutzen.
3		Meine Kolleg*innen sind nett und ich bekomme Unterstützung, wenn ich danach frage.
		Wir kriegen unsere Aufgaben erledigt, sind aber von echter Kollegialität noch weit entfernt.
		Ich schätze meine Kolleg*innen sehr, arbeite gerne mit ihnen zusammen und es herrscht ein außergewöhnlicher Teamspirit.
		Wir funktionieren als Team ganz gut, ab und an gibt es Missverständnisse und Konflikte.
4		Wir versuchen oft, uns »Schlupflöcher« zu suchen, um den großen administrativen Aufwand zu umgehen.
		Der administrative Aufwand hält sich in Grenzen, kann aber noch optimiert werden.
		Manchmal bin ich länger mit der administrativen Abwicklung beschäftigt als mit meiner eigentlichen Aufgabe.
		Bei uns ist der administrative Aufwand (die Bürokratie) aufs Minimum reduziert.

Nr.	✔	Aussagen
5		Bei besonderer Leistung wird diese wertschätzend hervorgehoben.
		Wenn ich nach Feedback zu meiner Arbeitsleistung frage, erhalte ich dieses in der Regel auch.
		Arbeitsleistung wird bei uns als Selbstverständlichkeit erachtet und nicht weiter erwähnt.
		Meine Arbeit erfährt regelmäßig Wertschätzung und Anerkennung, sowohl von den Kollegen als auch von den Führungskräften.
6		Unsere Prozesse sind unübersichtlich und komplex, sodass die Motivation fehlt, sich diese anzuschauen und zu verbessern.
		Unsere Prozesse sind nicht immer intuitiv, aber ich weiß, wo ich diese nachschlagen kann.
		Ich weiß, wo ich die Informationen zu unseren Prozessen herbekomme. Verbesserungen wären möglich, allerdings mit einem hohen administrativen Aufwand verbunden.
		Unsere Arbeitsprozesse werden regelmäßig evaluiert und entsprechend angepasst.
7		Ich erhalte entweder zu viele oder zu wenige Informationen, woran das liegt, weiß ich nicht.
		Wir nutzen die passenden Kanäle, um die interne Kommunikation transparent und nachvollziehbar zu halten.
		Die interne Kommunikation läuft bei uns recht gut. Ich weiß, wo ich Informationen herbekomme.
		Informationen kommen unregelmäßig und unvollständig, daher gibt es viel zu viel Spielraum für Interpretationen.

Nr.	✔	Aussagen
8		Unsere Meetings dauern länger als geplant und Teilnehmende beschäftigen sich nebenbei mit anderen Aufgaben.
		Meetings laufen so, wie der Einladende sie organisiert – meist nicht sehr gut. Einen Mehrwert für mich oder andere kann ich oft nicht erkennen.
		Die Meetings, an denen ich teilnehme, haben für mich und andere einen Mehrwert. Sie sind gut vorbereitet, strukturiert und in einem passenden Zeitrahmen.
		Oft denke ich, dass ich an zu vielen Meetings teilnehme und diese auch nicht immer gut geführt werden.
9		Unser Arbeitspensum ist in den meisten Fällen zu bewältigen. Das Arbeitsvolumen ist fair verteilt.
		Manchmal führt das Arbeitsvolumen zu Stress, mindert aber nicht unbedingt die Produktivität.
		Das Arbeitspensum wächst zunehmend, oft nehme ich die Themen noch mit nach Hause.
		Ich finde, dass das Arbeitspensum auf immer weniger Leute verteilt wird.
10		Das Unternehmen, für das ich arbeite, würde ich als einen guten Arbeitgeber bezeichnen.
		Das Unternehmen, für das ich arbeite, würde ich als Arbeitgeber jederzeit weiterempfehlen.
		Ich würde das Unternehmen, für das ich arbeite, nicht weiterempfehlen.
		Um das Unternehmen, für das ich arbeite, weiterempfehlen zu können, müsste sich einiges ändern.

Nr.	✔	Aussagen
11		Wir haben altes Equipment oder aber neue Technik, die kaum jemand umfangreich zu nutzen weiß.
		Wir sind technisch nicht am Puls der Zeit, können aber Vorschläge für Neuerungen einreichen, die oft umgesetzt werden.
		Wir sind technisch auf keinem guten Stand, glauben allerdings auch nicht, dass wir daran etwas ändern können.
		Wir sind auf dem neuesten Stand der Technik und notwendige Ressourcen (Zeit, Geld, Schulungen) werden dafür zur Verfügung gestellt.
12		Fehler werden offen angesprochen und im Team wird gemeinsam nach Lösungen gesucht, damit sie sich nicht wiederholen.
		Fehler werden am liebsten vertuscht, weil der »Schuldige« befürchtet, an den Pranger gestellt zu werden.
		Fehler werden angesprochen, vereinzelt wird das Team einbezogen, um nach Lösungen zu suchen.
		Bei Fehlern wird nach dem Schuldigen gesucht und es werden Einzelgespräche geführt.
13		Gefühlt stehen oft zu viele Veränderungen an, aber als Team können wir sie gemeinsam umsetzen.
		Veränderungen werden nicht gerade gut kommuniziert und somit auch nicht mit offenen Armen empfangen, aber da sie notwendig sind, sperren wir uns nicht.
		Bei den vielen über Nacht kommenden Veränderungen haben wir den Überblick verloren und sind dementsprechend demotiviert.
		Bevorstehende Veränderungen werden im Team angesprochen, zur Diskussion gestellt und gemeinsam positiv angegangen.

Nr.	✔	Aussagen
14		Innovationen, Ideen zu neuen Herangehensweisen, Produkten etc. werden bei uns aktiv gefördert.
		Alle wünschen sich Innovationen, aber für die Umsetzung fehlt es an den nötigen Ressourcen (Zeit, Geld, Manpower etc.).
		Innovationen sind gewollt, aber stellenweise hapert es an der Umsetzung.
		Innovation wird bei uns kleingeschrieben. Hier verlässt sich lieber jeder auf Altbewährtes.
15		Auf Nachfrage bekomme ich die notwendige Ausstattung, die ich brauche.
		Weder ergonomisch noch technologisch entspricht mein Arbeitsplatz dem 21. Jahrhundert.
		Leider muss ich mehrfach nachfragen und einen administrativen Prozess ins Laufen bringen, bevor ich bekomme, was ich wirklich brauche.
		Mein Arbeitsplatz verfügt über alles, was ich individuell brauche, um einen guten Job zu machen.
16		Mein Unternehmen fördert aktiv und kontinuierlich berufliche und persönliche Weiterentwicklung.
		Wenn eine Weiterbildung notwendig ist, werde ich dorthin geschickt.
		Ich habe die Möglichkeit, eigeninitiativ beruflich und persönlich weiterentwickelt zu werden, wenn ich dies brauche.
		Weiterbildungen spielen bei uns keine Rolle.

Nr.	✔	Aussagen
17		Zusatzleistungen? Ich bringe mir meinen Kaffee immer selbst mit.
		Es gibt nur wenige Zusatzleistungen, die für mich aber nicht relevant sind.
		Ich profitiere in unserem Unternehmen von vielen Zusatzleistungen (Fitnessstudio, gesundes Essen, Schulungen, Jobticket, BGM etc.).
		Ich weiß, dass es Zusatzleistungen gibt, kenne diese aber nicht, da sie nicht ausreichend kommuniziert werden.
18		Meine individuellen Bedürfnisse (Familie, Studium, Gesundheit, persönliche Termine, Coaching etc.) werden von meinen Vorgesetzten gesehen und berücksichtigt.
		Individuelle Bedürfnisse werden nicht berücksichtigt. Es gibt allgemeine Regeln, die für alle gelten.
		Meine individuellen Bedürfnisse kann ich adressieren, dann werden sie in aller Regel berücksichtigt.
		Meine individuellen Bedürfnisse werden nicht immer gesehen und nur berücksichtigt, wenn sie zur Arbeitssituation passen.

Auflösung: Die Witterungsverhältnisse

Zählen Sie nun die angekreuzten Kästchen pro Farbe zusammen. Gelbe Kästchen haben einen Wert von 3 Punkten, orangene einen Wert von 2 Punkten, hellblaue haben einen Wert von 1 Punkt und dunkelblaue Kästchen einen Wert von 0 Punkten.

Gelb: _____ × 3 = _____

Orange: _____ × 2 = _____

Hellblau: _____ × 1 = _____

Dunkelblau: _____ × 0 = __0__

Ihre Gesamtpunktzahl: _____

Schauen Sie sich anhand Ihrer Gesamtpunktzahl an, in welcher Klimazone Sie sich aktuell befinden. Beachten Sie, dass diese erste Analyse allein auf Ihrer subjektiven Betrachtung basiert. Um ein umfassendes und stärker aussagefähiges Ergebnis zu bekommen, müssen mehrere Mitarbeitende aus allen Ebenen befragt werden. Dazu empfehlen wir die Hinzunahme eines externen Beraters, um eine höhere Objektivität aus der Summe der einzelnen Ergebnisse ziehen zu können.

Um dennoch schon jetzt mit der Einschätzung arbeiten zu können, empfehlen wir Ihnen, sich die Kategorien anzuschauen, die nicht nur »sonnige« Bewertungen von Ihnen bekommen haben. So können Sie schon jetzt erste Maßnahmen ableiten, einführen und zum Leben erwecken, um einen positiven Einfluss auf Ihr Betriebsklima zu nehmen.

Pro Klimazone haben wir eine kurze Zusammenfassung mit einigen Handlungsempfehlungen für Sie zusammengestellt. Bitte beachten Sie, dass es sich hier um eine Übersicht handelt, die keinen Anspruch auf Vollständigkeit erhebt.

Witterungsstand I
Sonnig (44 bis 54 Punkte)
Herzlichen Glückwunsch! Die Witterungsverhältnisse in Ihrem Unternehmen sind hervorragend. Es ist überwiegend sonnig, die Temperaturen sind angenehm warm. Auf den ersten Blick besteht keine Notwendigkeit, sich auf andere Wetterbedingungen einzustellen.

Sich mit dem Unternehmen in einem Klima zu befinden, das alle Beteiligten berücksichtigt, gelingt nur wenigen und bedeutet, dass den Einflussfaktoren auf das Betriebsklima eine hohe Priorität zukommt. Das Betriebsklima entspricht einem Wohlfühlklima, getragen von kollegialer Solidarität, Fairness und zielführender Produktivität.

Wenn Sie sich auch zukünftig in besten Witterungsverhältnissen wiederfinden wollen, sollten Sie darauf achten, dass einzelne Mitarbeitende nicht ins Schwitzen geraten und um des lieben Friedens willen Probleme oder sogar Konflikte unter den Teppich gekehrt werden könnten.

Handlungsempfehlungen:
Machen Sie sich die Stärken aller bewusst. Bleiben Sie auch weiterhin im Dialog mit den Mitwirkenden und Stakeholdern. Rüsten Sie sich präventiv für schlechteres Wetter. Ein Unwetter kann unverschuldet und plötzlich aufziehen. Prozesse, Vorgehensweisen sowie die Produkte oder Dienstleistungen sollten immer wieder auf Wetterfestigkeit überprüft werden. Mit dem Finger am Puls der Zeit, einem Gespür für Innovationen und einem Fokus auf Ihren Markt wird Ihr Unternehmen auch zukünftig sonnigen Zeiten entgegensehen.

Witterungsstand II
Heiter bis wolkig (28 bis 43 Punkte)
Die Wetterlage ist sehr gut auszuhalten. Nicht zu heiß, nicht zu kalt, Temperaturen, in denen sich jede Aktivität gut meistern lässt. Wolken, die aufziehen, ziehen auch schnell wieder vorbei. Wahrscheinlich gelingt es Ihnen mit nur wenig Aufwand, in die nächstbesten Witterungsverhältnisse aufzusteigen.

Es gibt viele Unternehmen, die sich dieses Betriebsklima wünschen. Die Einflussfaktoren auf das Betriebsklima haben Sie im Blick. Zusammenhalt, Teamspirit sowie eine gute Führungskultur werden gelebt, und darauf dürfen Sie stolz sein. Doch wie bei so vielen Dingen im Leben steckt auch hier der Teufel im Detail. Wenn Sie konstanten Sonnenschein anstreben, sollten Sie zwischendurch überlegen, was Sie noch verbessern können, um auch langfristig zufrieden zu bleiben.

Handlungsempfehlungen:
Sie haben ein gutes Fundament, auf dem Sie aufbauen können. Da Sie scheinbar keine »big rocks« mehr vor sich haben, die Ihre Aufmerksamkeit binden, können Sie sich bewusst mit den Details befassen. Fragen Sie Ihre Mitarbeitenden, was sie sich wünschen – von Ihnen, von dem Unternehmen oder im Miteinander. Auch wenn es schwerfällt: Schaffen Sie Zeit für »Wasserstandsmeldungen« und nutzen Sie diese ausschließlich für die Arbeit an den Dingen, die noch nicht so »heiter« laufen. Dann steht einem wolkenlosen Himmel nichts mehr im Wege.

Witterungsstand III
Bewölkt, vereinzelt Regenschauer möglich (12 bis 27 Punkte)
Bei diesen klimatischen Bedingungen sollten Sie immer einen Regenschirm griffbereit haben. Schneller als Ihnen lieb ist, kann aus einem Regenschauer Dauerregen werden. Dann reichen ein Schirm und Gummistiefel allein nicht mehr aus. Auf dem Weg in bessere Witterungsverhältnisse sollten Sie die Pfützen daher nicht nur umlaufen, sondern an der Ursache für das schlechte Klima arbeiten. Es ist Zeit für einen Klimawandel.

Anhand der Indikatoren zum Betriebsklima (Krankenstand, Fluktuation, Zufriedenheit etc.) lassen sich womöglich schon erste Auswirkungen einer Vernachlässigung erkennen. Betrachten Sie diese gemeinsam mit den schlecht bewerteten Einflussfaktoren und Sie werden schnell herausfinden, wo Handlungsbedarf besteht.

Handlungsempfehlungen:
Nehmen Sie das Thema ernst. Machen Sie aus Betroffenen Beteiligte. Schaffen Sie Raum für Austausch, Feedback und Innovation. Setzen Sie das Thema Betriebsklima an die erste Stelle Ihrer Agenda. Überprüfen Sie, ob Sie ausreichend Ressourcen in Form von Zeit, finanziellen Mitteln und Manpower zu Verfügung stellen können, um sich vor einem möglicherweise aufkommenden Unwetter zu schützen. Scheuen Sie sich nicht davor, externe Unterstützung einzubinden. Gehen Sie nicht davon aus, dass Sie dem schlechten Wetter allein trotzen können.

Witterungsstand IV
Unwetterwarnung (0 bis 11 Punkte)
Wenn der Wetterdienst ein Unwetter prognostiziert, dann ist die Wahrscheinlichkeit groß, dass es donnern und blitzen wird. Um dem Unwetter zu entgehen, flüchten die meisten Menschen in ihre Häuser und schließen alle Türen und Fenster. Ein Unwetter kann unterschiedlich lange anhalten, zieht aber in aller Regel schnell vorbei – ganz nach dem Motto: Nach Regen kommt Sonnenschein. Im Gegensatz zu einem gewöhnlichen Unwetter trifft das auf das Betriebsklima leider nicht zu.

Sie sind in den schlechtesten Witterungsverhältnissen von allen angelangt. Um nicht bald allein im Regen zu stehen, sollten Sie dringend aktiv werden. Vermutlich sind weder Sie noch Ihre Mitarbeitenden glücklich mit dieser Situation. Es herrscht eine Atmosphäre des Rückzugs, an ein gemeinsames, produktives Arbeiten ist nicht zu denken.

Schlechte Stimmung fördert schlechte Ergebnisse, und diese will nun wirklich niemand. Um an Ihren klimatischen Bedingungen zu arbeiten, sollten Sie dieses Thema zum Top-Thema machen.

Handlungsempfehlungen:
Starten Sie bei den Basics. Wie lauten Ihre Vision und Mission? Weiß jeder Mitarbeitende um seinen Beitrag zum Unternehmenserfolg oder wird nur Dienst nach Vorschrift gemacht? Entwickeln Sie Führungsleitlinien, evaluieren Sie die Arbeitsbedingungen und fokussieren Sie sich auf die Individualität Ihrer Mitarbeitenden. Was wird benötigt, um den nächsten Schritt zu gehen? Schaffen Sie Kapazitäten, um die Kommunikation spürbar zu verbessern und den Teamspirit zu stärken. Schauen Sie dabei über den Tellerrand und kaufen Sie sich externe Expertise für einen zielführenden Prozess des Klimawandels ein.

8.

Darf's noch ein bisschen mehr sein?

Im Rahmen der Organisationsentwicklungs-Prozesse mit unseren Kunden haben wir eine Vielzahl an Checklisten und Arbeitshilfen zu den verschiedenen Klima-Themen entwickelt. Zwei liegen uns so sehr am Herzen, dass wir sie auch Ihnen zur Verfügung stellen möchten:

Exit-Interviews werden in Unternehmen erschreckend selten genutzt. Die Checkliste dazu wird Ihnen wertvolle Impulse geben, wie Sie diese Gespräche zielgerichtet vorbereiten, durchführen und nachbereiten.

Jedes Unternehmen sollte aus unserer Sicht über ein konkretes Leitbild verfügen. Dieses legt das Stimmungs-Fundament und kann zu einem Nordstern werden, an dem sich Mitarbeitende und Führungskräfte orientieren. Unsere »Fünf Schritte zum Unternehmensleitbild« helfen Ihnen auf diesem Weg.

Das Exit-Interview

Es ist unmöglich, als Personalverantwortliche*r immer die richtige Entscheidung zu treffen. Manches liegt außerhalb Ihres Einflussbereichs oder äußere Umstände stellen eine Situation plötzlich anders dar. Doch auch aus ungünstigen Situationen, wie zum Beispiel der Kündigung eines Mitarbeitenden, lässt sich etwas Positives ziehen – oder zumindest kann daraus gelernt werden. Vielleicht hat der Mitarbeitende einfach ein sehr gutes Angebot bekommen, das er nicht ausschlagen konnte. Vielleicht war er aber auch mit der bisherigen Arbeitssituation unzufrieden. Das Exit-Interview ist die perfekte Gelegenheit, Verbesserungspotenziale aufzudecken und entsprechende Maßnahmen zu ergreifen, bevor möglicherweise weitere Mitarbeitende abspringen. Selten werden Sie so ehrliches Feedback bekommen, wie wenn für diese »nichts mehr auf dem Spiel steht«.

To-dos für ein erfolgreiches Exit-Interview

Damit ein Exit-Interview positiv verläuft und wertvolles Feedback eingeholt werden kann, müssen die äußeren und vor allem auch die zwischenmenschlichen Bedingungen stimmen.

Folgende Aspekte sollten Sie beachten:

- Seien Sie kreativ in der Entwicklung der Exit-Interviews und verabschieden Sie sich von Standardfragebögen.
- Bereiten Sie sich – wie beim Mitarbeiter*innen-Gespräch auch – auf jeden Mitarbeitenden genau vor. Nur wenn er oder sie sich überhaupt nicht auf ein Gespräch einlässt, greifen Sie auf einen Fragebogen zurück. Aber selbst dann sollte er individuell auf den Mitarbeitenden zugeschnitten sein.
- Führen Sie das Exit-Interview kurz vor dem letzten Arbeitstag des Mitarbeitenden. Liegen vor dem Ausscheiden noch einige Wochen, könnte er oder sie mögliches Konfliktpotenzial befürchten. Liegt das Exit-Gespräch hingegen nur ein paar Tage vor dem endgültigen Abschied und sogar das Arbeitszeugnis ist schon ausgehändigt, sind die Chancen auf ehrliches Feedback erheblich höher.
- Führen Sie die Gespräche unter vier Augen. Ein Dialog, bei dem Sie sich voll auf den Mitarbeitenden einlassen, fördert die Vertrauensbasis und ist somit immer ergiebiger.
- Stellen Sie offene Fragen.
- Lassen Sie sich auch positive Aspekte des Betriebsklimas nennen.
- Falls Ihnen die Ideen für die Konzeption von Exit-Gesprächen fehlen, kaufen Sie sich die entsprechende Expertise ein.

- Studien belegen, dass bereits jede*r Zweite schon einmal chefbedingt gekündigt hat. Der/die direkte Vorgesetzte sollte daher niemals das Exit-Interview führen. Wenn Probleme zwischen Mitarbeitenden und Vorgesetzten der Grund für die Trennung ist, werden Sie mit einem solchen Gespräch nichts erreichen. Besser ist es, das Exit-Gespräch von der Personalabteilung, einer anderen Vertrauensperson im Unternehmen oder dem Feelgood Manager/der Feelgood Managerin führen zu lassen.
- Der oder die Mitarbeitende muss sicher sein, dass das Feedback vertraulich behandelt wird, vor allem, wenn es sich um sensible Informationen handelt. Wenn Sie das Feedback aus dem Exit-Gespräch mit Vorgesetzten oder anderen Kollegen*innen teilen möchten, sollten Sie vorher die Zustimmung des/der ausscheidenden Mitarbeitenden einholen.
- Erklären Sie, dass das Feedback wichtig ist, um etwas im Unternehmen zu verändern. Häufig kehren Ex-Mitarbeitende zu ihrem früheren Arbeitgeber zurück – wenn die Unzufriedenheitsfaktoren abgeschafft wurden. Dieses Angebot sollten auch Sie aussprechen, wenn Sie sich eine weitere Zusammenarbeit mit diesem/dieser Mitarbeitenden wünschen.
- Im Exit-Interview sollten Sie selbst weniger reden und dem/der Mitarbeitenden mehr zuhören. Verteidigen Sie Ihr Unternehmen nicht, sondern versuchen Sie, die Erfahrungen und Sorgen des/der Mitarbeitenden zu erfahren.
- Nutzen Sie das Exit-Interview nicht, um ihn oder sie mit einem Gegenangebot von der Kündigung abzubringen. Ob Sie wollen oder nicht, das Vertrauensverhältnis ist zunächst einmal angekratzt und erschwert die Zusammenarbeit für beide Seiten. Betonen Sie lieber Ihre Wertschätzung für den Mitarbeitenden und bieten Sie die Option für ein Comeback, sofern Sie das wollen.
- Ein Exit-Interview ergibt nur Sinn, wenn Sie dieses analysieren und entsprechende Verbesserungsmaßnahmen ergreifen. Vergleichen Sie die Ergebnisse mit anderen Exit-Interviews. Wiederholen sich die Kündigungsgründe, wie zum Beispiel fehlende Karriereperspektiven, schlechte Work-Life-Balance oder Unzufriedenheit mit dem Gehalt, wissen Sie genau, wo Sie ansetzen müssen.

- Passen Sie Ihre Fragen an das Verhalten des/der Mitarbeitenden an. Manche haben kein Problem damit, offen über Dinge zu sprechen, mit denen sie Schwierigkeiten haben. Solchen Mitarbeiter*innen können Sie auch direkte Fragen stellen, wie: »Warum möchten Sie uns verlassen?« oder »Was könnte man Ihrer Meinung nach verbessern?«. Andere wollen um jeden Preis Antworten vermeiden, die einer bestimmten Person Schuld zuweisen könnten oder Schaden verursachen. Bei solchen Mitarbeitenden müssen Sie im Exit-Interview mit indirekten Fragen zum Kern des Problems vorstoßen. Fragen Sie zum Beispiel: »Welchen Rat würden Sie Ihrem Nachfolger geben?« oder »Wenn Sie etwas in unserem Unternehmen verändern könnten: Was wäre das?«.

Die Gründe für einen Jobwechsel sind vielfältig: Mehr Gehalt, ein Karrieresprung, mehr Verantwortung, Probleme mit den Vorgesetzten oder schlichtweg der Wunsch, etwas Neues auszuprobieren. In den wenigsten Fällen ist ein einzelner Grund entscheidend. Wenn Ihnen ein Mitarbeitender nur einen Grund für seine Kündigung nennt, sollten Sie fragen, wie es in den anderen Bereichen aussieht.

Die richtigen Fragen stellen – den Exit verstehen

Im Folgenden finden Sie einige Themenfelder und entsprechende Fragen, die Sie im Exit-Interview stellen sollten:

Austrittsgrund
- Wie kam es zu der Entscheidung, unser Unternehmen zu verlassen?
- Welches waren die wesentlichen Gründe für diese Entscheidung?
- Was hätten wir im Vorfeld tun können, um Sie in unserem Unternehmen zu halten?
- Was hat Sie an der neuen Position besonders gereizt?

Blick auf das Unternehmen
- Wie sehen Sie unser Unternehmen?
- Was finden Sie positiv?
- Was hat Sie besonders gestört?

- Haben Sie das Gefühl, dass die Grundsätze unserer Unternehmenskultur auch im Alltag gelebt werden?
- Wie bewerten Sie die technische Ausstattung in unserem Unternehmen?
- Wie ist das Unternehmen Ihrer Meinung nach für die Anforderungen des Marktes aufgestellt?
- Welche Verbesserungsvorschläge haben Sie?

Führung und Mitarbeitenden-Entwicklung
- Wie sehen Sie die Grundsätze unserer Führungskultur im Alltag umgesetzt?
- Was hätten Sie sich im Hinblick auf die Führung durch Ihren Vorgesetzten anders gewünscht?
- Wie schätzen Sie unsere Maßnahmen zur Personalentwicklung ein? Hatten Sie das Gefühl, individuell gefördert zu werden? Falls ja: Was fanden Sie besonders gut? Falls nein: Was hat Sie besonders gestört?
- Was können wir tun, um die Belastung der Mitarbeitenden zu reduzieren?
- Was können wir tun, um Mitarbeitende stärker an uns zu binden?
- Wie bewerten Sie unser Beurteilungssystem?
- Welche Verbesserungsvorschläge haben Sie?

Übergabe und Wissenstransfer
- Was können wir tun, damit Sie möglichst viel von Ihrem Wissen, Ihrer Erfahrung und Ihren Kontakten an den Nachfolger weitergeben können?
- Was ist im Hinblick auf eine erfolgreiche Aufgabenbewältigung aus Ihrer Sicht besonders wichtig?
- Welche Fähigkeiten/Eigenschaften sollte Ihr Nachfolger/Ihre Nachfolgerin auf jeden Fall mitbringen?
- Wie lange sollte die Einarbeitungszeit Ihres Nachfolgers/Ihrer Nachfolgerin Ihrer Meinung nach sein?
- Gibt es eine schriftliche Dokumentation Ihrer wichtigsten Aufgaben und den damit verbundenen notwendigen Maßnahmen? Wenn nein: Können Sie eine solche Dokumentation vor Ihrem Ausscheiden noch erstellen?

In fünf Schritten zum Unternehmensleitbild

Die Entwicklung des Unternehmensleitbildes hilft dabei, das »Big Picture« zu erkennen und zu verstehen, auf welchen Sinn und Zweck das Unternehmen, einzelne Teams oder Abteilungen hinarbeiten. Das Leitbild dient Mitarbeitenden und Führungskräften als »roter Faden«, der sie auf operativer Ebene durch anstehende Projekte und Aufgaben führt. Dabei sollte jede*r Einzelne erkennen, welchen sinn- und nutzenbringenden Beitrag er oder sie zur Erreichung leisten kann. Das folgende Fünf-Schritte-Programm unterstützt Sie in diesem wichtigen kreativen Prozess:

Prozess-Überblick

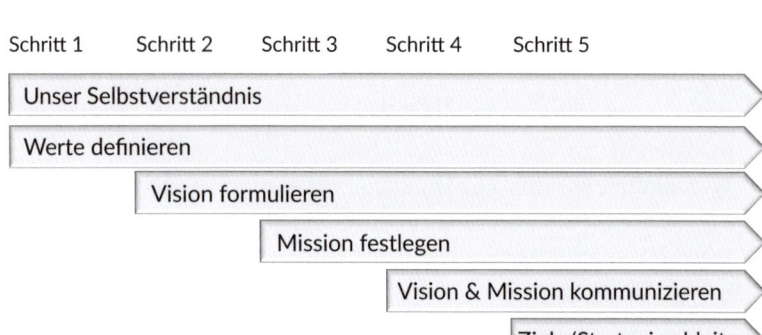

Schritt 1 – Selbstverständnis und Werte

Zu Beginn sollte sich die Führungsmannschaft mit dem gemeinschaftlichen Selbstverständnis beschäftigen:

- Wofür stehen wir?
- Wie kalibrieren wir uns, um das Heute zu bewältigen und für das Morgen gerüstet zu sein?
- Was ist unser gemeinsames Führungsverständnis?
- Wie wollen wir dieses kommunizieren?

Die Auseinandersetzung mit diesen Fragen bringt den Prozess zur Entwicklung des Unternehmensleitbildes in Schwung. Das Fundament dafür sollte die Definition der Unternehmenswerte oder – je nach Größe des Unternehmens – die der Abteilungs- oder Bereichswerte sein. Ein Leitbild lässt sich nämlich nicht nur für eine große Organisation entwicken, sondern auch für einzelne Teilbereiche oder Abteilungen. Diese sollten natürlich mit den Werten der Organisation in Verbindung stehen.

Für den Prozess der Werteermittlung lohnt sich die Zuhilfenahme eines diagnostischen Analysetools. Die 9 Levels of Value Systems® beispielsweise machen die Wertesysteme von Einzelpersonen, Teams und Organisationen sicht- und damit nutzbar. Wenn sich alle Beteiligten über das Selbstverständnis und die entsprechenden Werte bewusst geworden sind, kann der zweite Schritt gegangen werden.

Schritt 2 – die Vision

Das Erarbeiten einer Vision kann nur gelingen, wenn alle an dem Entwicklungsprozess Beteiligten ein einheitliches Verständnis darüber bekommen:

- Was ist eine Vision?
- Warum ist es wichtig, eine Vision zu haben?

Eine mögliche Definition könnte lauten:

> Eine Vision ist ein attraktives Bild der Zukunft, etwas, was Wirklichkeit werden kann und soll.

Passende, weiterführende Fragen sind:

- Wo wollen wir in Zukunft stehen?
- Was ist unser Ziel?
- Was soll unsere Vision auf jeden Fall beinhalten?
- Auf was wollen wir zukünftig verzichten?

- Welche Geschäftsfelder sind zukunftsträchtig und sollten etabliert oder mit mehr Aufmerksamkeit betrachtet werden?
- Welche Innovationen brauchen wir, um wettbewerbsfähig zu bleiben?

Eine Vision spricht über die Zukunft und sollte inspirierend, groß und zugleich erreichbar und richtungsweisend sein. Sie sagt etwas über die Strategie des Unternehmens aus. Dabei geht es nicht um wirtschaftliche Ziele. Die Vision definiert den Ideal-Zustand in der Zukunft, wobei der Zeitrahmen nicht zu weit und nicht zu eng gesteckt sein sollte (ca. drei bis fünf Jahre). Sie fungiert als »Nordstern«, was bedeutet, dass jeder seinen Beitrag zum Unternehmenserfolg daran ausrichtet und sie zum Beispiel bei konkurrierenden Priorisierungen oder Entscheidungen für oder gegen etwas als Orientierungshilfe nutzt.

Schritt 3 – die Mission

Im Anschluss wird die Mission entwickelt. Sie verkörpert den Auftrag des Unternehmens, beschreibt den Weg zur Vision und beantwortet folgende Fragen:

- Wie kommen wir dorthin?
- Was machen wir dafür?
- Wofür machen wir das, was wir machen?

Hier fließt auch das Verhalten aller Mitwirkenden, Geschäftspartner*innen und Kund*innen ein: Welche Rolle spielen sie innerhalb dieser Mission? Welches Verhalten ist dabei wichtig? Et cetera.

Sowohl die Vision als auch die Mission sollte kurz und prägnant sowie emotional, verständlich und im Präsens formuliert sein. Das Verwenden positiver Begriffe weckt Interesse und Begeisterung und macht die Vision »merk-würdig« und »merk-fähig«.

Schritt 4 – das Leitbild kommunizieren

Sobald das Leitbild steht, muss es vielfältig kommuniziert werden: zum einen an die Mitarbeitenden, zum anderen an Kund*innen, Geschäftspartner*innen, Lieferant*innen etc. Stellen Sie den Mitarbeitenden die Resultate in Teamworkshops vor und lassen Sie sie an der Verbindung zu ihrer eigenen Tätigkeit in den Austausch gehen. Es empfiehlt sich, das Leitbild durch regelmäßige Aktionen und Aktivitäten, Give-aways oder Filme immer wieder in den Fokus zu rücken.

Schritt 5 – Ziele/Strategien ableiten

Der letzte Schritt ist die Verknüpfung des Leitbildes mit der Unternehmensstrategie sowie den Bereichs- und/oder Abteilungs- und Teamzielen. Die jeweiligen Ziele sollten sich in der Mission wiederfinden, sodass jede/jeder Mitarbeitende seinen Anteil daran erkennt.

Der gesamte Prozess kann einige Zeit in Anspruch nehmen. Zeit, die viele Betriebe nicht investieren wollen oder können, weil sie eher im und nicht am Unternehmen arbeiten. Der positive Einfluss eines gelebten Unternehmensleitbildes auf das Betriebsklima ist allerdings nicht von der Hand zu weisen. Ein nachvollziehbares Leitbild mit den dazugehörigen Werten, Zielen und Strategien gibt Orientierung und erhöht die Identifikation mit dem Unternehmen. Erkennen Mitarbeitende den Wert ihres Beitrages am Großen und Ganzen, fördert dies die Zufriedenheit und das Engagement jedes/jeder Einzelnen.

Danke

An dieser Stelle möchten wir Danke sagen. Danke an unsere Kunden, Familie, Freundinnen, Freunde, die uns für Interviews zum Thema Betriebsklima und zur Testung unseres Klima-Barometers zur Verfügung standen. Ihr habt beziehungsweise Sie haben uns im Entwicklungsprozess dieses Buches immer wieder inspiriert.

Danken möchten wir unseren Kunden auch dafür, dass sie uns immer wieder mit interessanten Projekten beauftragen und uns an der Veränderung ihrer Klima-Realität teilhaben lassen. Sie machen unseren Job zu dem, was er ist: spannend, abwechslungsreich und vor allem immer wieder aufs Neue bereichernd.

Einen besonderen Dank möchten wir unserer Kollegin Kathrin Braches aussprechen. Liebe Kathi, Du warst uns Sparringspartnerin und eine große Unterstützung auf dem Weg zu diesem Buch. Herzlichen Dank für Dein Engagement und das Herzblut, das Du in dieses Projekt gesteckt hast.

Literatur- und Quellenverzeichnis

Literaturverzeichnis

Behrens, M., Dribbusch, H.: Umkämpfte Mitbestimmung: Ergebnisse der dritten Befragung zur Be- und Verhinderung von Betriebsratswahlen. In: WSI-Mitteilungen 4/2020

Bennett, N., Lemoine, J.: What VUCA really means for you. Harvard business review, 92(1/2), 2014

Bornhäußer, A., Ion, F.: 30 Minuten. Wie wirke ich? GABAL Verlag 2014

Brand, M., Ion, F., Wittig, S.: Handbuch der Persönlichkeitsanalysen. GABAL Verlag 2015

Comelli, G., von Rosenstiel, L.: Führung durch Motivation. Mitarbeiter für Unternehmensziele gewinnen. Vahlen Verlag, 4., erw. und überarbeitete Aufl. 2009

Covey, S. R.: Die 7 Wege zur Effektivität. Prinzipien für persönlichen und beruflichen Erfolg. GABAL Verlag 2005

Covey, S. R., Merrill, R.; Proß-Gill, I.: Schnelligkeit durch Vertrauen. Die unterschätzte ökonomische Macht. GABAL Verlag 2009

Herzberg, F.: Motivation-hygiene theory. Organizational behavior one: Essential theories of motivation and leadership, eds JB Miner, ME Sharpe Inc, New York, 61–74, 2005

Engelhardt, M., Engelhardt, N.: Wie tickst du? Wie ticke ich?: Babyboomer, Generation X–Z – Altersgruppen verstehen in Bildung und Beruf. hep Verlag 2019

Kramer B., Ion F.: Konflikte klären ist Chefsache. Die vier Konfliktklärungskompetenzen erfolgreicher Führungskräfte. GABAL Verlag 2018

Ion, F., Brand, M.: Motivorientiertes Führen. Führen aus Basis der 16 Lebensmotive. GABAL Verlag 2009

Ion, F., Brand, M.: Die 16 Lebensmotive in der Praxis. Training, Coaching und Beratung nach Steven Reiss. GABAL Verlag 2011

Ion, F., Brand, M.: 30 Minuten. Die 16 Lebensmotive. GABAL Verlag 2012

Ion, F.: 30 Minuten. Perspektivenwechsel. GABAL Verlag 2017

Ion, F.: Ich sehe was, was du nicht siehst. Durch Perspektivenwechsel zu besseren Ergebnissen. GABAL Verlag 2014

Jung, C. G.: Psychologische Typen. Gesammelte Werke. Walter-Verlag 1981

Mangelsdorf, M.: Von Babyboomer bis Generation Z: Der richtige Umgang mit unterschiedlichen Generationen im Unternehmen. GABAL Verlag 2019

Reiss, S.: Das Reiss Profile. Die 16 Lebensmotive. GABAL Verlag 2009

Reiss, S.: Who am I? The 16 Basic Desires That Motivate Our Behavior and Define Our Personalities. New York: The Berkley Publishing Group 2000

Von Rosenstiel, L. in: Hangebrauck, U. M., Kock, K., Kutzner, E., Muesmann, G. 2003. Handbuch Betriebsklima. München: Rainer Hampp Verlag 2003

Schröder, M.: Wann sind wir wirklich zufrieden?: Überraschende Erkenntnisse zu Arbeit, Liebe, Kindern, Geld. Auf Basis der größten Langzeitstudie mit über 600.000 Befragungen. C. Bertelsmann Verlag 2020

Sutor, P.: Trauer am Arbeitsplatz: Sprachlosigkeit überwinden – Fürsorgepflicht wahrnehmen – Trauerkultur entwickeln. Patmos Verlag 2020

https://www.institut-fuer-persoenlichkeit.de/analysetools/; aufgerufen am 14.12.2020

https://www.welt.de/print/wams/wirtschaft/article111903410/Was-Krankheit-kostet.html; aufgerufen am 03.01.2021

https://blog.wiwo.de/management/2019/09/12/gallup-studie-2019-rund-sechs-millionen-beschaeftigte-glauben-nicht-an-ihr-unternehmen-mit-122-milliarden-euro-folgeschaeden-schuld-sind-die-fuehrungskraefte-selbst/; aufgerufen am 03.01.2021

https://www.gesundheit.de/wissen/haetten-sie-es-gewusst/allgemeinwissen/was-ist-der-unterschied-zwischen-burnout-und-boreout; aufgerufen am 08.03.2021

Bundesverband Trauerbegleitung e.V., https://bv-trauerbegleitung.de/qualifizierung/standards-in-der-trauerbegleiterqualifikation/; aufgerufen am 09.04.2021

Quellennachweise

1 https://www.imu-boeckler.de/de/faust-detail.htm?sync_id = 8063; aufgerufen am 12.07.2021

2 https://www.destatis.de/DE/Themen/Arbeit/Arbeitsmarkt/Qualitaet-Arbeit/Dimension-2/krankenstand.html; aufgerufen am 12.07.2021

3 https://www.gallup.com/de/gallup-deutschland.aspx; aufgerufen am 12.07.2021

4 https://www.gallup.com/de/gallup-deutschland.aspx; aufgerufen am 12.07.2021

5 https://www.personalmanagement.info/hr-know-how/presseinformationen/detail/motivation-ist-nicht-kaeuflich/; aufgerufen am 12.07.2021

6 https://goodplace.org/wp-content/uploads/2016/01/KAI-Jobprofile_Feelgood-Manager.pdf; aufgerufen am 12.07.2021

7 https://www.duden.de/rechtschreibung/Gemeinschaft; aufgerufen am 12.07.2021

8 https://www.bsi.bund.de/SharedDocs/Downloads/DE/BSI/Publikationen/Lageberichte/Umfrage-Home-Office/umfrage_home-office-2020.pdf?__blob = publicationFile&v = 3; aufgerufen am 12.07.2021

9 https://www.boeckler.de/de/boeckler-impuls-homeoffice-besser-klar-geregelt-27643.htm; aufgerufen am 12.07.2021

10 https://www.zdf.de/nachrichten/wirtschaft/corona-homeoffice-gesundheit-it-sicherheit-studien-100.html; aufgerufen am 12.07.2021

11 https://www.tk.de/resource/blob/2095224/ca7f3e6793109ee9bfbaede39e15517f/dossier--corona-2020-data.pdf; aufgerufen am 12.07.2021

Über die Autorinnen

Frauke Ion, die Expertin für Perspektivenwechsel, ist seit 2005 mit ion international als Beraterin, Trainerin und Business Coach unterwegs. Seit 2006 leitet sie als Mitinhaberin das Institut für Persönlichkeit in Köln, der Experte für diagnostikbasierte Personal- und Persönlichkeitsentwicklung. Sie ist für verschiedene Diagnostik-Tools zertifiziert. Renommierte nationale und internationale Unternehmen schätzen ihre Erfahrung als Sparringspartnerin für Personal- und Organisationsentwicklung. Sie ist spezialisiert auf die ganzheitliche Begleitung von Führungsteams. In ihrer zwanzigjährigen erfolgreichen Managementkarriere im In- und Ausland konnte Frauke Ion selbst erfahren, was es heißt, Menschen bedürfnisorientiert und typgerecht zu führen.

Sophia Schneider ist als Sozialwissenschaftlerin, Business-Trainerin und systemischer Coach in der Welt der Persönlichkeits-, Personal- und Organisationentwicklung zu Hause. Außerdem ist sie für die Arbeit mit verschiedenen Persönlichkeitsdiagnostik-Tools zertifiziert. Ihr hohes Maß an Empathie und Diplomatie zeichnen sie als Begleiterin von Veränderungsprozessen aus. Ihr besonderes Augenmerk gilt der Verbindung individueller Potenziale und Bedürfnisse mit den Herausforderungen moderner Unternehmen. Als Vertreterin der Generation Y und dem dazugehörenden Mindset schafft sie es, Perspektivräume zu öffnen und diese über Hierarchien hinweg greifbar, annehm- und nutzbar zu machen. Durch ihre Ausbildung zur Trauerbegleiterin ist sie außerdem eine kompetente Ansprechpartnerin für das Thema Trauer am Arbeitsplatz.

Dein Business

Aktuelle Trends und innovative Antworten auf brennende Fragen in den Bereichen Business und Karriere.

Anne M. Schüller, Alex T. Steffen
Die Orbit-Organisation
ISBN 978-3-86936-899-3
€ 34,90 (D)
€ 35,90 (A)

Martin Limbeck
Limbeck. Verkaufen.
ISBN 978-3-86936-863-4
€ 59,00 (D)
€ 60,70 (A)

Stephanie Borgert
Die kranke Organisation
ISBN 978-3-86936-900-6
€ 25,00 (D) / € 25,80 (A)

Anke van Beekhuis
Wettbewerbsvorteil Gender Balance
ISBN 978-3-86936-901-3
€ 24,90 (D) / € 25,60 (A)

Andreas Buhr, Florian Feltes
Revolution? Ja, bitte!
ISBN 978-3-86936-862-7
€ 32,90 (D) / € 33,90 (A)

Ulrike Knauer
Wahres Interesse verkauft
ISBN 978-3-86936-902-0
€ 24,90 (D) / € 25,60 (A)

Günter Schmitz
Unternehmertum ist nichts für Feiglinge
ISBN 978-3-86936-865-8
€ 29,90 (D) / € 30,80 (A)

Susanne Klein
Kein Mensch braucht Führung
ISBN 978-3-86936-903-7
€ 29,90 (D) / € 30,80 (A)

 Alle Titel auch als E-Book erhältlich

gabal-verlag.de

Vorhang auf für das GABAL Magazin

- Erprobte Lösungen für Ihre persönlichen, beruflichen und wirtschaftlichen Herausforderungen
- Aktueller Content und praxisrelevantes Wissen rund um die Themen Wirtschaft, Business & Karriere sowie persönliche Weiterentwicklung
- Themen-Newsletter: Für alle Kategorien bieten wir individuelle Newsletter. Wählen Sie nach Ihren persönlichen Interessen aus – wir freuen uns auf Ihre Anmeldung!

Neugierig?
Dann gleich QR-Code scannen!
Wir lesen uns auf
www.gabal-magazin.de.

GABAL.
Wissen vernetzen

Bei uns treffen Sie Entscheider, Macher ... Persönlichkeiten, die nach vorn wollen

Seit 1976 bildet GABAL e.V. ein Netzwerk für Menschen, die sich und ihr Business weiterentwickeln möchten.

„Austausch, Praxisnähe, Inspiration und Professionalität – dafür ist GABAL e.V. mit seinen Angeboten ein Garant."

(Anna Nguyen, Unternehmerin)

GABAL e.V.
www.gabal.de

Neugierig geworden? Besuchen Sie uns auf www.gabal.de/mitglied-werden/leistungspakete